2014

Verändern

Change-Praxis für Entscheider und Führungskräfte

ComTeam media

Bibliografische Information der Deutschen Nationalbibliothek
Die Deutsche Nationalbibliothek verzeichnet diese Publikation in der Deutschen Nationalbibliografie; detaillierte bibliografische Daten sind im Internet unter http://dnb-d-nb.de abrufbar.

2. Auflage 2013
„Verändern. Change-Praxis für Entscheider und Führungskräfte"

comteammedia.de

Umschlaggestaltung, Satz; Illustrationen: Mel Brunner, ComTeam AG
Druck/Herstellung: online-druck.biz / Frick Kreativbüro & Onlinedruckerei e.K.
Printed in Germany
ISBN 978-3-9815664-3-7

Gedruckt auf säurefreiem, alterungsbeständigem und chlorfreiem Papier.

FSC
www.fsc.org
MIX
Aus verantwortungsvollen Quellen
FSC® C016410

Verändern

Change-Praxis für Entscheider und Führungskräfte

von

Lorenz S. Forchhammer

Walter G. Straub

Inhalt

Kapitel Eins

"Wenn wir aufhören besser zu werden,
werden wir bald nicht mehr gut sein."
OLIVER CROMWELL

Führungsraum neu definiert

Im Wettbewerb mithalten, die richtigen Leute finden, mit der Informations- und Komplexitätsdichte klarkommen: *Der Wind of Change* pfeift rau um die Ecke seit der letzten Krise. Kunden finden ihre Lieferanten überall auf dem Planeten, und Vergleichbarkeit wie Wettbewerbsdruck sind in fast allen Branchen drastisch gestiegen. Wer dabei nicht mithalten kann, wird ver- oder gekauft oder geht Pleite. Doch wer die Nase im Wind behält, sich gut genug an die veränderten Situationen anpasst oder sie gar vorwegnimmt, kommt aufs Treppchen: Bei Kunden wie bei Mitarbeiterinnen und Mitarbeitern. Erfolg macht sexy.

Doch zum Wettbewerbsdruck kommen weitere Faktoren, die den Führungsraum, das von Führungskräften gestaltbare und steuerbare Feld, begrenzter machen als jemals zuvor: *Lean* gestaltete Prozesse, Vorschriften zur Geschäftsführung und Selbstverpflichtungen zum Verhalten. Einerseits machen diese Regeln und Prozesse die Produktionsabläufe schneller und transparenter, und sie verbessern Qualität. Doch andererseits setzen sie jedem Entscheider und jeder Führungskraft enge Grenzen, schränken den Handlungsspielraum ein. Manch einer fühlt sich als Marionette, und die Freude am Führen versandet. Andere schaffen mutig ab, was Quatsch ist, und riskieren, Grenzen auch mal auszureizen oder zu übertreten. Risikointelligenz ist ein neues Zauberwort, und wer über sie verfügt, lässt sich nicht einschüchtern, sondern handelt entschieden und kalkuliert.

Darüber hinaus hat das Internet die Karten für das Spiel „Zusammenarbeit“ neu gemischt. Ein Drittel aller Führungskräfte führt bereits virtuell, das heißt auf Distanz und mit Hilfe digitaler Medien. Das erfordert eine Menge zusätzlicher Formen der Kommunikation, fördert Missverständnisse, produziert Konflikte. Aber es ermöglicht auch schnelle und gute Lösungsfindungen standortunabhängig und hierarchiearm – wenn man die Kunst der Kommunikation via *conferencing tools* beherrscht.

Der Kampf um die besten Köpfe, der *war for talents*, ist bereits seit längerem voll entbrannt. Jedes Unternehmen muss attraktiver sein als seine Konkurrenten, wenn es im Werben um die besten Köpfe zum Zuge kommen will; da müssen Unternehmen und Führungskräfte etwas bieten können. Die Generation Y mit Doppelstudium und Auslandserfahrung kann sich aussuchen, wohin sie geht. Und wer sie nicht bekommt, verliert seine Zukunft, weil Innovation dann eben woanders stattfindet. Doch auch hier gibt es Beispiele, wo die neuen Fakten nicht beklagt, sondern klug genutzt werden. Statt Individualität und die Arbeit an eigenen Ideen zu begrenzen, fordern manche Unternehmen dies sogar: Das australische Softwareunternehmen ATLASSIAN und mittlerweile viele andere geben ihren Mitarbeitenden Zeit und Gelegenheit, selbstentschiedene Projektideen in Arbeitszeit umzusetzen. Dazu veranstalten sie regelmäßig sogenannte ShipitDays, wo die Ergebnisse präsentiert und die besten prämiert werden. Mit Trophäen und Preisen, die das Herz höher schlagen lassen.

Unternehmen müssen also in mehrfacher Hinsicht wettbewerbsfähig sein und profitable Ergebnisse erwirtschaften, und der Führungsraum ist durch vielfältige Regulierungen und die neue Virtualität von Führung enger begrenzt. Dennoch müssen Entscheider wie Führungskräfte das Unternehmen höchst attraktiv gestalten – für die knapper werdenden Bewerber. Führung ist anspruchsvoller geworden.

Wer in diesem Umfeld mitwachsen will, braucht Mut und Methoden zur Steuerung der notwendigen Veränderungen. Dabei unterstützt dieses Buch. Es ist für Entscheider und Führungskräfte gemacht, die über Projektaufträge entscheiden und Veränderungsprozesse steuern, und die in der Tiefe verstehen wollen, wie erfolgreicher Wandel funktioniert. In diesem Buch geht es nicht um Methodenhandwerk – das ist anderswo viel und gut beschrieben. Sondern es geht um die Blickwinkel und die Konzepte erfolgreichen Wandels. Es ist weniger für die geschrieben, die Projekte *durch*führen, sondern für jene, die sie führen.

Es geht also darum, wie man Veränderungsprojekte anlegt und so steuert, dass passiert, was man haben möchte. Es geht darum, wie man Aufträge an Projektgruppen so erteilt, dass die Ergebnisse einerseits weiterführen, den Entscheidern aber andererseits nicht durch falsch verstandene Delegation die Grundsatzentscheidungen aus der Hand genommen werden. Und es geht darum, Macht und Verantwortung im Veränderungsprojekt so einzurichten, dass die Zuständigkeiten wohlgeordnet sind, dass Entscheidungsprozesse zu klaren Ergebnissen führen und dass Kommunikation und Beteiligung so professionell organisiert sind, damit man Akzeptanz für die Umsetzung erreicht. Denn natürlich kann man – wie in klassischen Hierarchien – Veränderungsbereitschaft anordnen. Doch das führt in der Regel zu Scheinakzeptanz, und aus dem einsamen Leitwolf wird leicht ein armer Hund.

Projektarbeit im Wandel

Wer in den letzten zehn Jahren mit großen Projekten zu tun hatte, hat viel erlebt. Sowohl bei den Themen als auch bei den Arbeitsformen der Projektarbeit ist kaum ein Stein auf dem anderen geblieben. Die Ansprüche an und die Notwendigkeiten für Veränderungen sind drängender geworden, und wir kennen keine Organisation, über die der *wind of change* nicht mit Furore hinweggezogen wäre. Darüber hinaus gibt es für Aufgaben wie Fusionen, großen Software-Implementierungen oder organisatorischen Umbaumaßnahmen fast immer die Notwendigkeit, schnellen Wandel in großen Gruppen zu vollziehen.

Zeitgemäße Prozess-Stadienmodelle haben die schlichten Phasen-Meilenstein-Konzepte zur Projektorganisation teils abgelöst, teils ergänzt. Analysetechniken, inhaltsbezogene Strukturierungs-Methoden und die Vorgehensweisen der Projektkommunikation wie der Organisation von Beteiligung haben entscheidende Verbesserungen erfahren. Wer sich heute zur Ist-Aufnahme der Ausgangssituation eines Projekts nur der guten alten Interviews bedient, lebt hinterm Mond, und wer von Beratern fleißig erarbeitete Projektergebnisse von denen selbst auch präsentieren und durchdrücken lassen will, macht sich zum Gespött. So funktioniert Change *garantiert* nicht.

Doch es gibt Wege und Vorgehensweisen, die funktionieren: Wir wissen heute, wie man bei Fusionen mit der Unterschiedlichkeit der Herkunftskulturen arbeiten kann, damit eine wirkungsvolle Integration wertschöpfend wird. Wir haben gelernt, wie man tausend Betroffene einer SAP-Einführung stufenweise an die Veränderungen heranführen kann, damit sie „die Tür von innen öffnen“, und man die Tür nicht gewaltsam eintreten muss. Und wir verstehen heute auch, dass es geschehen kann, dass große Projekte in Organisationen schwere Krisen auslösen. Viele Organisationen scheitern an diesen Krisen, und es gibt Beispiele dafür, dass in der Folge von gescheiterten Projekten ganze Firmen ins Aus geraten. Doch das muss nicht sein: Man kann Projekte so gestalten, dass sie die Organisationen nicht ruinieren, sondern entscheidend voranbringen.

Daneben gibt es die Herausforderung, dass neben all dem Zeit-, Qualitäts- und Kostendruck, neben allen Rendite-Erwartungen der Aktionäre und neben aller Karrierelust der jungen Manager ein Unternehmen lebendig gehalten werden will. „Arbeitszeit ist Lebenszeit". Das bedeutet, für eine Unternehmenskultur zu sorgen, die dem Menschlichen und dem Persönlichen Raum gibt. Zukunft wird von Menschen gemacht. Und jedes Organisations-, jedes Strategie- oder Problemlösungsprojekt bietet die Chance (und die Erfordernis), die Kultur des Unternehmens anzusehen – inwieweit sie das Vorhaben trägt und stützt oder ausbremst – und an ihrer Weiterentwicklung zu arbeiten. Zumindest mittelfristig ist wahr, dass der Zustand der Unternehmenskultur eine entscheidende Grundlage für die Börsenlage und für das Überleben eines Unternehmens bildet; vor allem in denjenigen Unternehmen, wo mit der Arbeit und dem Mitmachen der Menschen das Geld verdient wird. Schauen wir auf die großen Fusionsversuche der letzten Dekaden: BMW und Rover, Daimler und Chrysler, Dresdner und Allianz und viele andere mehr. Nie hat es am Faktischen, an skills, an DIN-Normen, an der *Due Diligence* gefehlt. Und immer an der *Cultural Due Diligence.*

Projektarbeit ist zudem in sehr vielen Unternehmen die häufigste und produktions-relevanteste Arbeitsform geworden, Tendenz steigend. Der Anteil der Projektwirtschaft an der deutschen Wirtschaftsleistung wird nach einer Zukunftsstudie der Deutschen Bank (dbresearch, 2007) von 2% in 2007 auf etwa 15% in 2020 steigen.

Wie es also gelingt, Menschen produktiv zu verbinden und zu verbünden, davon hängt ab, ob ein Unternehmen Bestand hat oder irgendwann von der Bildfläche verschwindet. Man muss nur einen Blick über die Grenzen werfen, auf die hungrigen, jungen, gut ausgebildeten Führungskräfte, etwa in Tschechien oder Indien oder China – und man versteht sofort, was da an Tempo, Leistungswille, Innovations- und Erfolgskraft auf uns zu kommt. Halte mit oder mach Dich aus dem Staub!

"Simple things should be simple
and complex things should be possible."
ALAN KAY

Komplexitätsmanagement

„Komplexität" ist heute ein Zauberwort, das jeder auf seine Weise versteht, doch kaum einer genau so wie sein Kollege. Doch das wäre wichtig, denn Komplexitäts-Management ist eine der zentralen Aufgaben moderner Change-Praxis wie jeglicher Unternehmerarbeit. Doch – billiger Ratgeberjargon – „die Dinge einfach zu halten" wird aktueller Projektrealität meist überhaupt nicht gerecht. Wenn die faktische Komplexität hoch ist, dann geh' besser damit um, statt sie zu umgehen! Doch damit sind viele nicht vertraut und fühlen sich damit nicht in ihrer Kompetenz – die meistens auf Expertise in der Fachlichkeit beruht.

Doch mit der Expertise ist das so eine Sache: Jonah Lehrer erzählt in seinem Buch *The Decisive Moment*[1] von einem Experiment, das der Psychologe Paul Andreassen mit Wirtschaftsstudenten der MIT Sloan School of Management durchführte. Zunächst ließ Andreassen jeden Studenten ein eigenes Aktien-Portfolio zusammenstellen, dann teilte er die Gruppe in zwei Teilgruppen. Die eine Gruppe konnte lediglich Veränderungen der Aktienpreise verfolgen, erhielt aber keine Informationen zu den Hintergründen und konnte ihre Entscheidungen über Käufe und Verkäufe daher nur auf sehr begrenzte Daten stützen. Die andere Gruppe hingegen hatte Zugriff auf vielfältige Datennetze und Informationsquellen, von CNBC über das Wall Street Journal bis hin zu Experten für Markt- und Trendanalysen. Und welche der beiden Gruppen war nun erfolgreicher?

[1] deutsch: J. Lehrer, Wie wir entscheiden, Pieper, 2009

Zu Andreassens Überraschung hatte die Gruppe mit weniger Informationen am Ende des Experiments mehr als doppelt so viel verdient wie die umfassend informierte Gruppe. Die zusätzlichen Informationen und Nachrichten hatten die zweite Gruppe eher abgelenkt und dafür gesorgt, dass sie sich zu sehr auf die neuesten Gerüchte und Insiderklatsch verlassen hatte. Wie Herbert Simon es treffend formuliert: „Ein Überfluss an Information erzeugt einen Mangel an Aufmerksamkeit“. Ein Mehr an Sachinformationen und Fakten führt also nicht notwendigerweise zu besseren Projektentscheidungen, nicht einmal dann, wenn sie von ausgewiesenen Experten kommen.

Um sich über Komplexität so verständigen zu können, dass alle Beteiligten in etwa dasselbe verstehen, dazu hilft das Komplexitätsanalyse-Tool (Abb. 1). Wir verwenden es in jeder Auftragsklärung und unterstützen regelmäßig komplexe Entscheidungsprozesse in Organisationen damit.

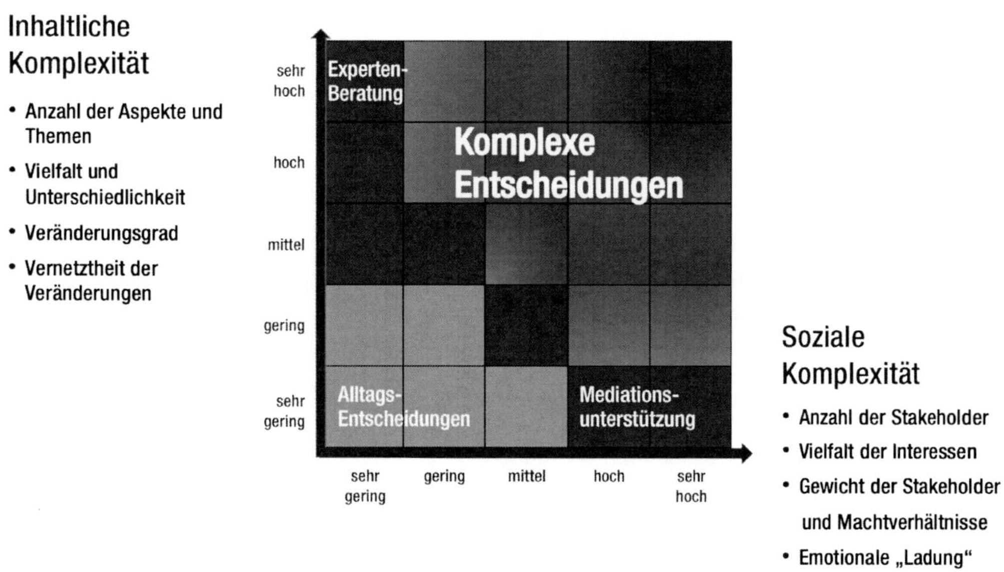

Abb. 1: Komplexitätsanalyse

Die erste wichtige Definition ist die Unterscheidung von inhaltlicher und sozialer Komplexität. Inhaltliche Komplexität hat vier Faktoren: Erstens die Anzahl der Sachaspekte, also wie lange die Liste der zu bewältigenden Themen ist. Zweitens die Vielfalt bzw. Unterschiedlichkeit der Sachaspekte, also wie viele verschiedene Fachlichkeiten beherrscht werden müssen. Drittens den Veränderungsgrad des Vorhabens und viertens den Vernetzungsgrad der Themen. Die Faktoren sozialer Komplexität sind: Erstens die Anzahl der Anspruchsgruppen und Betroffenen (Stakeholder), zweitens die Interessenvielfalt unter den Stakeholdern, drittens die Klarheit der Machtverhältnisse sowie die emotionale „historische Ladung", mit der ein Thema behaftet ist.

Faktoren der inhaltlichen Komplexität

Die ersten beiden Faktoren inhaltlicher Komplexität sind die Anzahl der Sachaspekte und die Vielfalt der Themen. Entscheidungen werden inhaltlich umso komplexer, je mehr es Vieles und viel Unterschiedliches zu berücksichtigen gilt. Denn wir Menschen sind nicht in der Lage, uns zwanzig Aspekte gleichzeitig zu vergegenwärtigen. Deshalb müssen wir die Menge und die Vielfalt strukturieren, in logischen Ebenen organisieren, dokumentieren und zugänglich machen. Wir müssen uns einerseits um die Inhalte selbst kümmern und wir müssen andererseits verstehen, wie sie organisiert sind, was also wo steht und wie man Zugang findet. Das wiederum steigert die Komplexität.

Denken wir an ein modernes Verkehrsflugzeug wie den Airbus A380. Kein Mensch allein ist in der Lage, alle Aufgaben und Fragestellungen zu überblicken, die im Zusammenhang mit der Planung und Konstruktion zu bewältigen sind. Die Menge der Sachaspekte ist schlicht zu groß. So erfordern etwa die Fragen der Aerodynamik ein ganz anderes Spezialwissen als die Programmierung der zahlreichen Computersysteme. Beim Bau eines solchen Großraumflugzeuges sind Vielfalt und Unterschiedlichkeit der Sachaspekte offensichtlich. Im Vergleich dazu mögen bei der Zusammenführung von zwei Unternehmen die zu berücksichtigende Vielfalt und Unterschiedlichkeit vielleicht etwas geringer ausfallen. Dennoch sind sie meist größer, als jene überblicken, die eine solche Entscheidung treffen. Dass Entscheider dies oft nicht erkennen (wollen), belegen die zahlreichen gescheiterten bzw. nicht erfolgreichen Merger der letzten Jahre.

Ein oft zitierter Artikel des Psychologen George Miller[2] („The Magical Number Seven, Plus or Minus Two") führt den Nachweis, dass der menschliche Verstand nicht mehr als etwa sieben Datenelemente gleichzeitig behandeln kann. „Es scheint eine gewisse Begrenzung in unser Nervensystem eingebaut zu sein, die unsere Kanalkapazität auf etwa diesem Level hält", schreibt Miller. Dies hat zur Folge, dass selbst eine simple Entscheidung, wie etwa eine Digitalkamera auszusuchen, unser Gehirn (den Frontalkortex) überfordern kann, weil die Anzahl der zu vergleichenden technischen Daten das Dutzend deutlich übersteigt. Wenn dann noch Zeitdruck hinzukommt, kann passieren, dass die (eigentlich ziemlich irrelevante) Gehäusefarbe zum kaufentscheidenden Kriterium wird.

Der dritte Faktor inhaltlicher Komplexität ist der Veränderungsgrad. Man kann vier Veränderungsgrade unterscheiden: Eine Veränderung ersten Grades erzeugt Varianten und braucht dafür nur geringfügige Anpassungen, etwa bei den Maschinen. Eine Veränderung zweiten Grades erfordert dagegen meistens neue Fähigkeiten (skills) bei den Betroffenen und führt damit häufig zu neuen Prozessen. Bei Veränderungen dritten Grades ändern sich nicht nur Prozesse und Fähigkeiten, sondern auch Strukturen. Veränderungen vierten Grades erzeugen Neuerungen und Umwälzungen, die bisher als unmöglich galten oder die sich bislang noch niemand vorgestellt hatte. Je höher der Grad der Veränderung, desto höher wird die inhaltliche Komplexität, weil die Anzahl der relevanten Komponenten und ihrer Organisationsebenen exponentiell ansteigt.

Der vierte Faktor inhaltlicher Komplexität ist die Vernetztheit der Sachaspekte, also die Frage, wie stark eine Veränderung eines Aspekts andere Aspekte steuert oder beeinflusst. Je mehr Wechsel- und Nebenwirkungen zwischen den einzelnen Sachaspekten bestehen, desto sorgfältiger und vorausschauender muss man über die möglichen Konsequenzen nachdenken, bevor man etwas entscheidet. Als zum Beispiel bei der Schweizerischen Bundesbahn an einem Werktag um 17:00 Uhr der Strom auf der Nord-Süd-Transversale ausfiel, brach innerhalb kürzester Zeit durch Kettenreaktionen das gesamte Stromnetz der Bahn zusammen und das ganze Land stand still. Auslöser war die Entscheidung, die zweite von drei Stromleitungen über die Alpen abzuschalten, obwohl bereits eine abgeschaltet war. Dies führte in der Stoßzeit zu einer Überlastung der letzten Leitung, und das Ereignis nahm seinen Lauf.

[2] MILLER, G.A. (1956): The magical number seven, plus or minus two: Some limits on our capacity for processing information. In: Psychological Review, 63, 1956, S.81-97

Wenn also abzusehen ist, dass die inhaltliche Komplexität einer Situation groß ist, wird man Experten hinzuholen und deren Wissen und Erfahrung in die Analyse und Lösungssuche einbeziehen. Nur darf man den Experten nicht die Leitung des Veränderungsprozesses übertragen, weil sonst eine relativ hohe Wahrscheinlichkeit besteht, dass die soziale Komplexität außen vor bleibt. Experten beziehen ihre Anerkennung in aller Regel aus ihrer fachlichen Expertise und weniger aus ihrer Fähigkeit, durch offene Prozesse zu führen und mit den sozialen Phänomenen erfahren umzugehen.

Grad	Beispiel: Technologie	Beispiel: Gesellschaft
I.	Erweiterung der Produktion von 32-Zoll-Monitoren auf 42-Zoll-Monitore	Einführung der EWG (Grenzen, Zölle und Währungen bleiben, werden aber reguliert.)
II.	Ergänzung der Modellpalette um Plasma- und LED-Geräte	Schengener Abkommen (Gemeinsame Außengrenze, Zusammenarbeit in Asylfragen, Polizeiliche Zusammenarbeit)
III.	Einstieg in die Beamertechnologie	Einführung der gemeinsamen Währung Euro
IV.	3-D-Laserprojektion im Raum	(Politisch) Vereinigte Staaten von Europa

Abb. 2: Veränderungsgrade in vier Stufen

Faktoren der sozialen Komplexität

Soziale Komplexität hängt zunächst einmal an der Anzahl der Stakeholder (engl.: Anspruchsberechtigte, Interessenvertreter, Betroffene). Das sind alle, deren Interessen oder Rechte von einer Entscheidung in deutlichem Maße beeinträchtigt oder unterstützt werden. Je mehr Stakeholder es gibt, desto sorgfältiger gilt es auszuwählen, wer an den Entscheidungen selbst (beratend) und wer an der Projektarbeit (beratend und/oder umsetzend) beteiligt wird und wie die anderen informiert werden sollen.

Zweiter Komplexitätstreiber ist, wie bei der inhaltlichen Komplexität auch, wieder die Vielfalt; hier aber nun die Vielfalt der Interessen. Je unterschiedlicher die Interessen der Stakeholder sind, umso höher ist das Konfliktpotenzial und umso mehr Aufwand erfordert ein eventueller Interessenausgleich durch Verhandeln. Das bedeutet viel Arbeit und unter Umständen auch viel Ärger, vor allem dann, wenn man eine Stakeholder-Gruppe vergisst. Deutlich zu spüren bekam das der Flughafen Zürich-Kloten, als bei der Planung der Anflug- und Abflugrouten die Gemeinden im süddeutschen Raum nicht einbezogen wurden. Zwar ist die Bevölkerungsdichte dort viel geringer als rund um den Flughafen in den drei anderen Himmelsrichtungen, aber die süddeutschen Nachbarn deswegen zu ignorieren, war ein grober Fehler.

Der dritte Faktor sozialer Komplexität ist die Klarheit der Machtfrage. Wenn einer der Stakeholder eine herausragende Position auf der Machtebene hat, dann schränkt das in der Regel die Prozessautonomie aller anderen Projektgremien, aber auch die Bandbreite der Entscheidungsmöglichkeiten ein. Ideal wäre es in so einem Fall, wenn der oder die wirklichen Machthaber entweder als Entscheider auftreten oder sich gänzlich raushalten würden. Das kommt aber zum Beispiel in Familienunternehmen mit angestelltem Manager oft beides nicht in Frage, denn einerseits hat man ihn zwar fürs Entscheiden ins Unternehmen geholt, kann ihn andererseits aber auch nicht lassen, wenn er Dinge anders entscheidet, als Gründern oder Familienmitgliedern Recht ist. Ebenso verhält es sich häufig zwischen einem (starken) Aufsichtsrat und dem Vorstand. Oder zwischen Vorstand und der projektzuständigen Bereichsleitung. Besonders bei Entscheidungen und Projekten unter Zeitdruck führt dies immer wieder zu Frustration, Enttäuschung und einsamen Machtentscheidungen. Das Einzige, was hier hilft, ist ein „rotes Telefon" und ein direkter Draht zu den wirklichen Bestimmern der Szene.

Die „emotionale historische Ladung“ ist die vierte Komponente sozialer Komplexität. Gemeint ist damit nicht die alltägliche Angst vor Veränderung, sondern der psychologische Ballast, der einem Thema anhaftet, das schon eine konfliktreiche Geschichte hinter sich hat. Dabei suggeriert das Wort „Ladung“, die Emotionalität sei „heiß“. Das kann zwar durchaus zutreffen, aber es gibt auch erfolglose Themen, die kalt und vampirgleich, wie Zombies, den Projektfriedhof einer Organisation bevölkern und jedem frischen Ansatz die Zuversicht und Kraft absaugen. Wie das Kino lehrt, hilft da nur eine ordentliche Beerdigung mit dem Holzpflock.

Im Aktionsfeld sozialer Komplexität geht es also um die Logik der sozialen Phänomene, um Sozial-Psychologie. Dazu gibt es ein aufschlussreiches Experiment, bekannt als „Ultimatum Game“, das mittlerweile in vielen Varianten und Kulturen durchgeführt worden ist und immer recht ähnliche Ergebnisse zeigt: Spieler A erhält zehn Dollar (oder Euro oder Yen). Von diesem Geld kann er Spieler B eine beliebige Summe abgeben. Spieler B aber hat die Vetomacht. Akzeptiert B das Angebot von A, wird das Geld so aufgeteilt, wie A es vorgeschlagen hat. Lehnt B jedoch ab, erhalten beide Spieler gar nichts. Nun würde die Annahme eines homo oeconomicus davon ausgehen, dass Menschen sich egoistisch und rational verhalten. Das hieße, wenn A hauptsächlich an sich selbst denkt, bietet er B nur einen Cent an. Und rational, wie B ist, würde er das akzeptieren, denn ein Cent ist immerhin besser als gar nichts. Doch weit gefehlt: die Annahme der Forscher, Menschen verhielten sich erstens egoistisch und zweitens rational, erwies sich als falsch. Denn das Resultat des Experiments sah wie folgt aus: Wenn die B-Spieler das Angebot der A-Spieler als zu gering empfanden (typischerweise bis hin zu einem Wert von 30 Prozent, also drei Dollar), lehnten sie es ab. Die Reaktionen verärgerter B-Spieler führten schließlich sogar – über mehrere Runden – zu Angeboten von A bis zu einem Wert von 50 Prozent, also fünf Dollar.

Das waren Ergebnisse, die Forscher und Leiter des Experiments kaum glauben konnten. So wurde es weltweit in verschiedenen Ländern durchgeführt. Die Forscher beobachteten jedoch nahezu identische Verhaltensweisen der Spieler in Japan, Russland, Deutschland, Frankreich und Indonesien. Überall wurden im Laufe des Spiels faire Angebote gemacht, außer in einer ganz speziellen Probandengruppe: Autisten. Um diesen Zusammenhang zu klären, müssen wir ein wenig ausholen. Die Spur führt zum einen zur Entdeckung der sogenannten Spiegelneuronen und zum anderen in die Autismusforschung. Spiegelneuronen befinden sich im sogenannten fusiformen Gesichtsareal (fusiform face area) des menschlichen Gehirns. Ihre Funktion besteht darin, die Regungen anderer Menschen zu spiegeln. Wenn wir also zum Beispiel jemanden lächeln sehen, geben die Spiegelneuronen einen Impuls ab, und wir lächeln ebenso. Nach demselben Prinzip reagieren wir darauf, dass jemand ein mürrisches Gesicht macht oder weint. Spiegelneuronen lassen uns innerlich spiegeln, was wir außen bei anderen Menschen wahrnehmen; oder wie Giacomo Rizzolatti, einer der Entdecker der Spiegelneuronen, es formuliert: „[...] sie erlauben uns, unmittelbar zu begreifen, was in anderen vorgeht, und zwar nicht durch konzeptionelles Nachdenken, sondern durch direkte Simulation; durch Fühlen, nicht durch Denken“ (Blakeslee 2006). Der „Defekt“, unter dem autistische Menschen leiden, besteht nun darin, dass die Funktion ihrer Spiegelneuronen eingeschränkt ist. Das hat zur Konsequenz, dass sie gar nicht wahr-nehmen, wie es anderen Menschen geht. Ihr extremes Alleinsein ist Folge ihrer Unfähigkeit, Emotionen anderer Menschen zu interpretieren und zu verinnerlichen.

Aus diesen Geschichten können Projektentscheider vor allem zwei Dinge lernen: Erstens, Menschen wollen fair behandelt werden, und zwar unabhängig vom Kulturkreis und der Höhe der Summen, um die es geht. Zweitens, der Druck, der auf Entscheidern und Projektmanagern lastet, führt bei ihnen häufig zu Symptomen von temporärem Autismus. Druck verengt die Blickwinkel, die Scheuklappen schließen sich, andere Stakeholder geraten aus dem Fokus und die gefällten Entscheidungen ignorieren deren Interessen und Bedürfnisse – meist mit katastrophalen Folgen für die Umsetzung. Denn frustrierte Mitspieler geben sich nicht mit Almosen ab, sondern lassen das Spiel platzen, steigen aus und ziehen von dannen.

Kapitel Zwei

"Der Preis der Freiheit
ist der Mut."
PERIKLES (500 – 429 V.CHR)

Die Erfolgsfaktoren von Veränderungsprozessen

Im Jahr 2008 führten wir unter über 300 Fach- und Führungskräfte aus verschiedenen Branchen eine Studie unter dem Titel „True Change: Was Macher und Betroffene von Veränderungsprozessen wirklich halten" durch. Seither bestätigen sowohl unsere eigenen jährlich durchgeführten Studien zu Führungsthemen, als auch Studien anderer Institutionen, die Einsichten über Erfolgs- und Misserfolgsfaktoren von Veränderungsprozessen.

Positive Einstellung zum Wandel

Change, Wandel, Veränderung – beständig sind Führungskräfte und Mitarbeiter davon betroffen. „Wandel ist doch normal" sagen demnach auch drei Viertel der StudienteilnehmerInnen; kaum jemand ist heute nicht von einem oder von mehreren Veränderungsprozessen betroffen bzw. daran beteiligt! Was uns aber überrascht hatte, war, dass die Grundeinstellung zum Wandel sich tendenziell eher positiv als verdrossen zeigt. So assoziieren die Befragten der ComTeam Studie mit „Veränderungsprozess" mehrheitlich positive Begriffe wie „Fit werden für die Zukunft – Mitreden und Mitgestalten können – persönliche Chancen und Innovation".

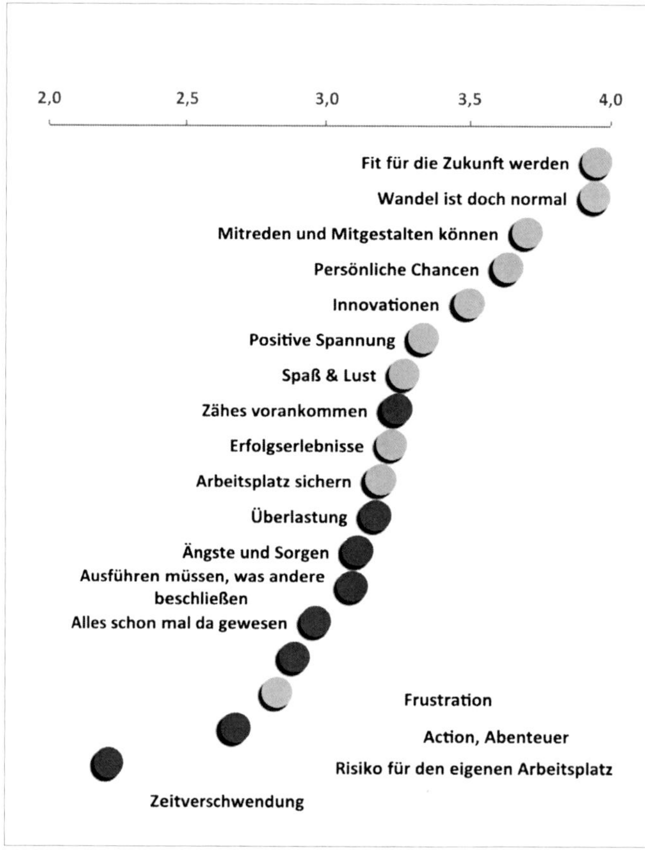

Abb. 3 „Welche Schlagworte verbinden Sie mit Change bzw.Veränderungsprozess?", Skala von 1-5

Assoziationen wie Ängste und Sorgen, Frustration oder Risiko für den eigenen Arbeitsplatz werden dagegen weniger stark mit „Change“ in Verbindung gebracht. Eine differenzierte Betrachtung nach Position im Unternehmen oder Branchenzugehörigkeit zeigt jedoch Unterschiede der Einschätzung (Darstellung anhand ausgewählter Schlagworte):

So verbinden Führungskräfte mit dem Thema Wandel zu über 80% „Chance“ bzw. „Fit werden für die Zukunft“, MitarbeiterInnen ohne Führungsverantwortung tun dies nur zu knapp 60%. Demgegenüber haben 56% der Fachkräfte ohne Leitungsfunktion auch „Ängste und Sorgen“, bei den Führungskräften sind es dagegen nur 27%.

Dieselbe Sprache sprechen die Ergebnisse der ComTeam Studie 2013 „Erfolgsfaktor Unternehmenskultur“: Nur etwa 20% finden, dass Veränderungen in ihrem Unternehmen stark oder sehr stark willkommen sind, aber über 70% der Befragten meinen, dass dies der Fall sein sollte.

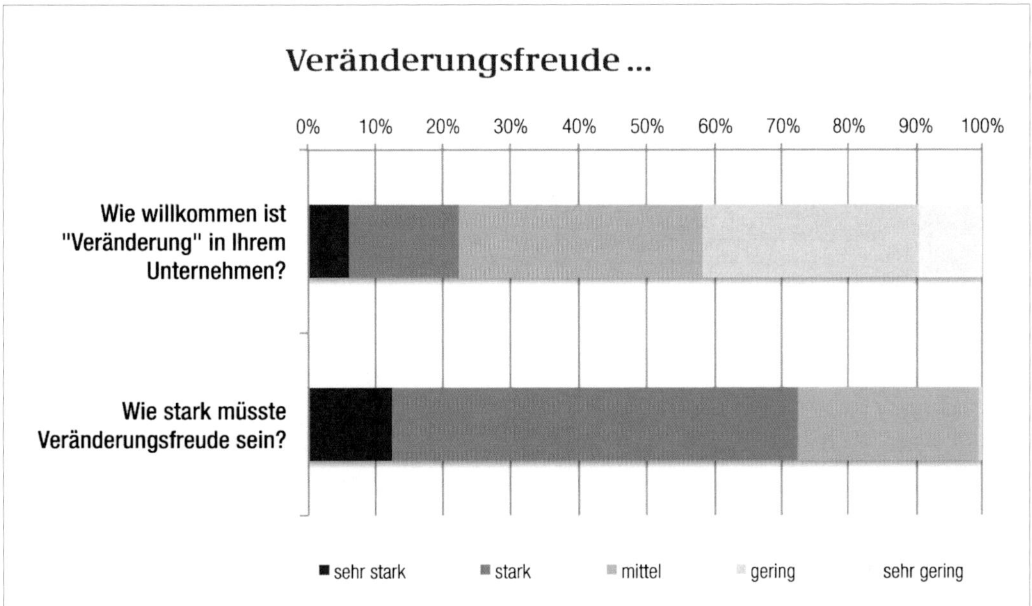

Abb. 4 ComTeam Studie13, "Erfolgsfaktor Unternehmenskultur", Veränderungsfreude

Veränderungsnotwendigkeit fällt also auf einen äußerst fruchtbaren Boden, wenn man es denn so anstellt, dass die Betroffenen nicht durch grobe Fehler verdrossen gemacht werden.

Strategische Relevanz

Die Aussagen über mehrere Studien zeigen also die mehrheitlich positive Einstellung gegenüber Veränderungen. Und dies auch, obwohl die Befragten tatsächlich von Change betroffen sind, mitten in Veränderungsprojekten stecken und ihr Urteil nicht aus der Distanz abgeben: So war kaum einer der Studienteilnehmer aus 2008 nicht von einem Veränderungsprozess betroffen oder daran beteiligt! Alle anderen erlebten in diesem Zeitraum mindestens ein Veränderungsprojekt, häufiger noch waren es drei und mehr Projekte.

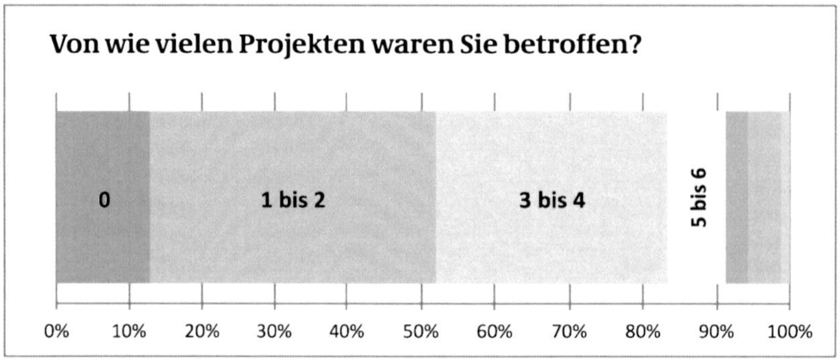

Abb. 5 Projektanzahl pro Studienteilnehmer 2008

Dementsprechend stark werden die Auswirkungen von Change empfunden: Auf einer Skala von 1 = „gar nicht“ bis 10 = „absolut stark“ empfinden die Studienteilnehmer die Auswirkungen von Veränderungsprozessen durchschnittlich mit den Werten

- 7,0: „Auswirkungen auf die Unternehmenskultur“
- 7,7: „Auswirkungen auf das Gesamtunternehmen“
- 7,4: "Die Auswirkungen auf die eigene Person" werden mit einem Wert von 7,4 ebenfalls eher stark empfunden. Zur starken Betroffenheit trägt bei, dass die Projekte über einen längeren Zeitraum laufen. In der Studie wurde eine durchschnittliche Projektlaufzeit von knapp 14 Monaten ermittelt. Länge und Häufigkeit von Changeprojekten zeigen, dass Veränderungsprozesse den Alltag von Führungskräften und Mitarbeitern bestimmen, Wandel also tatsächlich ganz normal ist.

Dabei sind und waren die Anlässe für Veränderungsprozesse im Großen und Ganzen die Klassischen:

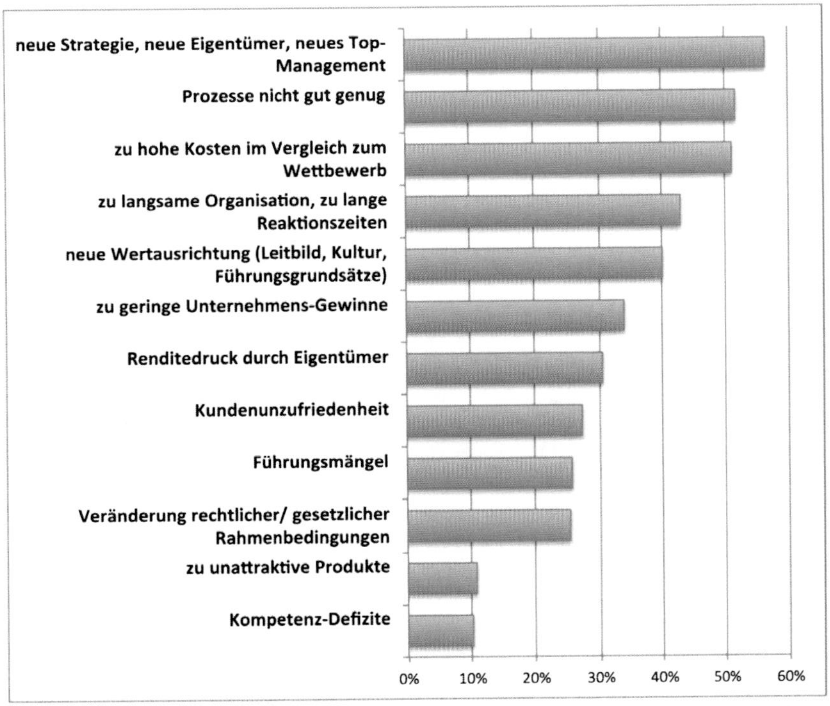

Abb. 6 Gründe für Veränderungsprozesse

Obwohl sich die wirtschaftliche Situation während der letzten Jahre deutlich verändert hat, sind dieses bereits seit Jahren auch die Top-Five der Themenliste etwa in der jährlich aktualisierten Capgemini-Studie. Auslöser für Strategieanpassung, Prozessoptimierung oder Kostensenkungsprogramme sind zum einen häufig Einbrüche bei den Jahresergebnissen oder radikale Marktveränderungen, wie sich im Moment besonders gut beobachten lässt. Zum anderen kann ein Wechsel in der Führung Ursache für Change sein und der Einzug der Digitalisierung und anderer technischer Trends zwingt ebenfalls regelmäßig zur Anpassung.

Die Gründe für Veränderungsprojekte lassen auch auf ihre Bedeutung für das Unternehmen schließen. Es hat sich gezeigt, dass knapp drei Viertel der Projekte strategisch angelegt sind und ihnen eine hohe bis sehr hohe Bedeutung beigemessen wird. Demgegenüber wurden relativ wenige der Projekte in ihrer strategischen Wichtigkeit als gering bis sehr gering eingestuft. Dies überrascht nicht, bedenkt man Gründe und Titel für Veränderungsprozesse sowie deren Länge von durchschnittlich mehr als einem Jahr.

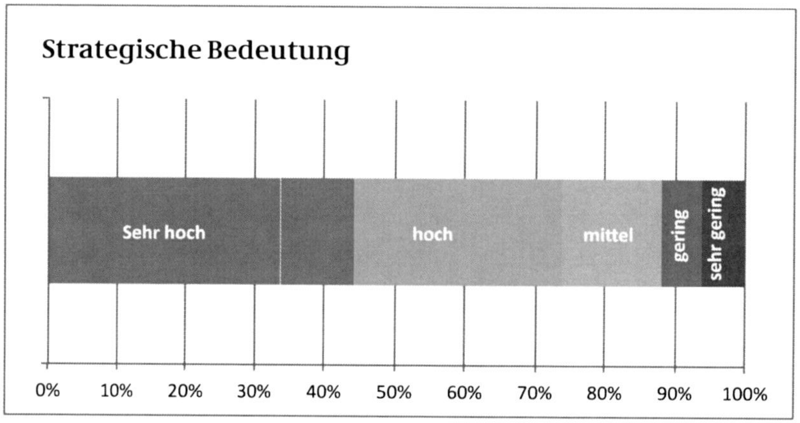

Abb. 7 Strategische Bedeutung von Veränderungsprojekten

Jedoch: Trotz ihrer hohen strategischen Bedeutung sind Veränderungsprojekte nicht besonders gut in die Unternehmensstrategie eingebettet. Nur etwa ein Drittel der Befragten ist der Ansicht, die Einbindung in übergeordnete Unternehmensziele ist gut bis sehr gut; ein Viertel meint, Changeprojekte sind weniger gut bzw. gar nicht in die Unternehmensstrategie integriert.

Der Stellenwert von Change Management

Woran liegt das? Ein Grund ist in dem zu geringen Stellenwert zu sehen, der systematischem Change Management in Unternehmen beigemessen wird: In nur einem Viertel aller Unternehmen ist Change Management fest verankert und hat einen hohen bis sehr hohen Stellenwert. Dagegen schätzen 28% der StudienteilnehmerInnen die Bedeutung von Change Management in ihrem Unternehmen als niedrig, 15% als nicht vorhanden ein.

Unzureichende Etablierung von Change Management im Unternehmensalltag ist das Eine, mangelnde Professionalität das Andere: Auf die Frage „Wie professionell gemanagt finden Sie die Changeprojekte in Ihrem Unternehmen?“ gaben die Gefragten ein Durchschnittswert von 3,8 auf einer Skala von 0 bis 10 an. Das heißt,

- nur rund 15% der StudienteilnehmerInnen finden das Change Management professionell bis hoch professionell
- über die Hälfte bewertet die Professionalität mit gering bis sehr gering.

Dies bedeutet, dass jedes zweite Projekt nicht gut genug gemanagt wird. Diese Zahlen belegen, dass professionelles und systematisches Change Management in den meisten Unternehmen noch in den Kinderschuhen steckt und heute wohl da steht, wo Projektmanagement methodisch und strategisch vor 20 Jahren war. Dementsprechend verwundert es nicht, wenn, trotz grundsätzlich positiver Grundhaltung zum Wandel, Betroffene unzufrieden sind und durch Fehler bei der Planung, Durchführung oder Implementierung zu Kritikern oder Gegnern von Veränderungsprojekten werden.

Die StudienteilnehmerInnen, die als (Teil-)Projektleiter oder Mitarbeiter zu 97% selbst „Macher“ von Changeprojekten waren oder sind, wurden gebeten, die Zufriedenheit der in ihrem Umfeld von Wandel betroffenen Personen mit dem Verlauf oder Ergebnis der Projekte einzuschätzen. Das Ergebnis ist ernüchternd: Nur 30% beurteilen die Zufriedenheit der Betroffenen positiv, also mit „zufrieden“ oder „sehr zufrieden“.

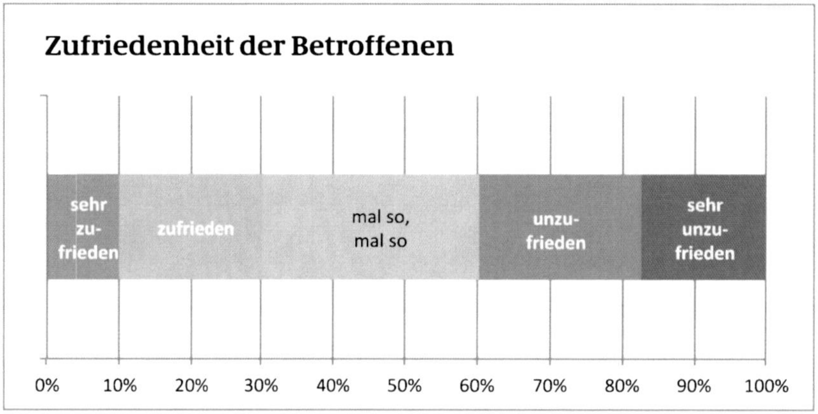

Abb. 8 Zufriedenheit mit Veränderungsprozessen

Misserfolgsfaktoren für Veränderungsprozesse

Gründe für die Unzufriedenheit und die schwachen Ergebnisse gibt es viele.
Konkrete Kritikpunkte, die in der Studie genannt wurden, sind (Reihenfolge nach Häufigkeit der Nennungen):

1. Kommunikationsmängel, Information zu spät oder zu gering
2. Beteiligungsmängel, Erfahrung nicht genutzt
3. Ineffizient, zu aufwändig, desorganisiert
4. Zu viele Projekte auf einmal
5. Entscheidungsprozesse zu lange, zu unklar, zu intransparent
6. Unprofessionelles Projektmanagement
7. Zeitdruck, Hektik

Die Art und Weise, wie wichtige Projekte gemanagt werden, wird also weder den Themen der Projekte noch den beteiligten Menschen gerecht: Das gibt Grund zum intensiven Nachdenken. Mangelnde Kommunikation und Information ist der am häufigsten genannte Kritikpunkt. Oft wird zu spät oder zu wenig dafür getan, die Betroffenen angemessen mit ins Boot zu holen. Auch bleiben gerade erfahrene Mitarbeiter in wichtigen Veränderungsprozessen häufig außen vor. Statt Wissen und Erfahrungsschätze der eigenen Leute zu heben, werden von kleinen Experten- und Fachberaterkreisen Lösungen im Elfenbeinturm erarbeitet. Diese sind zwar oft inhaltlich nicht schlecht, aber die Art und Weise des Vorgehens stößt alle diejenigen vor den Kopf, die dem Unternehmen seit vielen Jahren loyal dienen. So werden diejenigen zu Kritikern oder Gegnern von Veränderungen gemacht, ohne die eine erfolgreiche Projektumsetzung aber gar nicht funktionieren kann und wird.

Unter der Überschrift „schlechtes Handwerk" werden weitere Kritikpunkte beschrieben: ‚Desorganisation', ‚zu viele Projekte auf einmal' und ‚Zeitdruck' deuten auch auf Fehler im konkreten Management hin. Es kostet nur ein paar Stunden Zeit, mit einer Projektevernetzung einmal transparent zu machen, woran im Unternehmen an den verschiedenen Stellen gerade gearbeitet wird, wie Projekte zusammenhängen und wie sich Mehrfacharbeiten oder gar gegenläufige Entwicklungen vermeiden lassen. Aber kaum ein Unternehmen hat eine Position für strategische Projektkoordination, obwohl mancherorts hundert und mehr Projektaktivitäten nebeneinander um die Wette rudern. Das hat zwei ernste Konsequenzen: Erstens sorgt die überladene Projektlandschaft für Druck und Frust, und es verbreitet sich das unbefriedigende Gefühl, dass man eigentlich nichts so wirklich richtig machen kann. Strukturell verordnete Mittelmäßigkeit treibt jeden auf die Palme, der sich eigentlich mal für eine Projektidee begeistert und sich auf ein Projektziel selbstverpflichtet hat. Das kostet dann Qualität und verschwendet Ressourcen in Nachbesserungsaktionen, die später mit Sicherheit notwendig werden. Zweitens wird die Projektlandschaft extrem krisenanfällig, wenn Projekte nicht vernünftig priorisiert sind. Denn nur dann kann man, wenn es eng wird und wenn Geld und Zeit knapp werden, die richtigen Projekte treiben und die weniger wichtigen anhalten oder begraben.

Fehler beim Change Management kosten Umsetzungschancen, verbrennen Geld, verschwenden Ressourcen, verprellen Mitarbeiter: Fehlende Themenvernetzung, mangelnde Identifikation und Berücksichtigung der Stakeholder, fehlende Interessendiagnosen, eigennützige statt bestmögliche Besetzung von Projektpositionen, falsche Projektstrukturierung und fehlende Entscheidungspunkte – die Liste handwerklicher Fehler in Veränderungsprojekten lässt sich problemlos verlängern. Die Tragik liegt darin, dass man das „eigentlich" alles weiß, aber meist aus Gründen der Überlastung nicht anwendet und produktiv umsetzt. Hier sind die Entscheider mächtig gefragt: Dass sie für Strukturen und Vorgehensweisen sorgen, die funktionieren.

Warum? Sehen Sie sich die Yerkes-Dodson-Kurve an, die aus der Sportmedizin so wohl bekannt ist: Am Anfang des Trainierens bringt „mehr trainieren", „sich mehr anstrengen" auch mehr „Performance". Doch dann kommt ein Punkt, ab dem „mehr trainieren" die Performance schwächt! Und dann helfen nur sinnvolle Pausen und Reduktion von Druck und Belastung, um zu hoher Performance zurückzufinden.

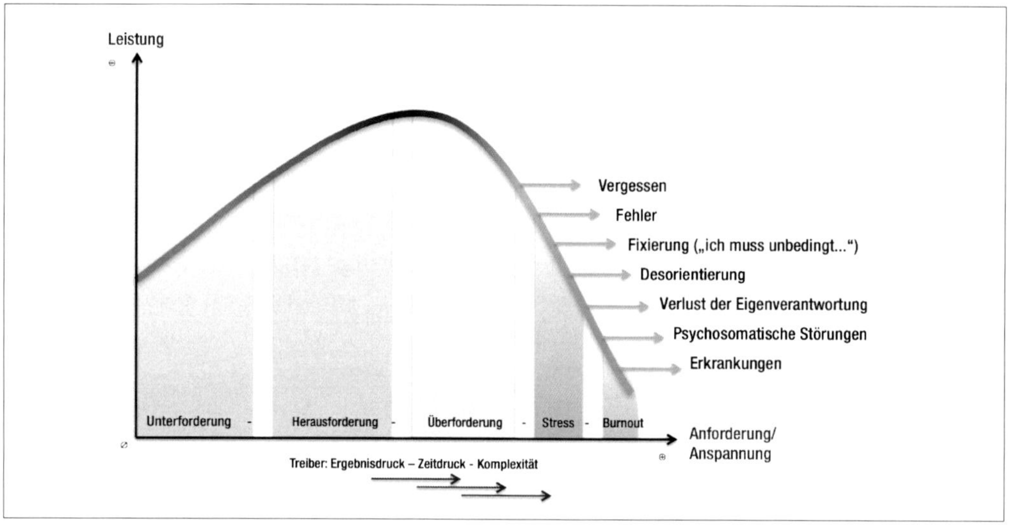

Abb. 9 Yerkes-Dodson-Kurve

Wer also nur jagt und treibt und nicht acht gibt, landet leicht im Burnout, der zutreffend auch „Leistungsdepression“ heißt. Und wer als Entscheider leistungsfähige und -willige Leute, die sich meist neben ihrer normalen Facharbeit in Projekten engagieren, über Gebühr unter Druck und Hetze setzt, sorgt dafür, dass deren Anstrengung verpufft und ihre Leistung sinkt. Das bedeutet für Entscheider und Projektleiter, dass sie ihre Projektmitarbeitenden in krisenhaften Situationen nicht antreiben sondern entlasten müssen, wenn sie das Optimum an Leistung verfügbar haben wollen. Jeder Läufer weiß, wie sich Kraft, Lust und messbare Zeiten verschlechtern, wenn man übertrainiert ist. Daraus die richtigen Konsequenzen zu ziehen ist nicht einfach, speziell wenn man als Entscheider selber unter Strom steht. Aber es ist alternativlos vernünftig.

Erfolgsfaktoren von Veränderungsprozessen

Wie aber könnte es besser laufen? Was wünschen sich Beteiligte stattdessen in Veränderungsprozessen? Was sind notwendige Voraussetzungen und Erfolgsfaktoren für Veränderungsprojekte?

Zentrale Bedeutung für Veränderungsprozesse kommt den Entscheidern und Gremienmitgliedern zu. Ohne sie läuft nichts. Sie müssen vorleben, wovon Mitarbeiter betroffen sind und eindeutige Orientierung bieten. Strategisch wie menschlich. Klarheit über Sinn und Zweck der Aktionen zu schaffen, kann als weiterer Erfolgsfaktor angesehen werden, da auch dies Orientierung bietet. Voraussetzung dafür ist selbstverständlich eine angemessene Informations- und Kommunikationspolitik, und zwar als Dialog und nicht (nur) in Form von Ein-Weg-Information. Gut gemachte Dialogprozesse führen zur Bereitschaft, an der Umsetzung mitzuwirken und vitalisieren alle Beteiligten: die Entscheider, die Projektmitarbeiter, die Betroffenen und die Zuschauer.

Auch eine angemessene Ausstattung mit den notwendigen Ressourcen Personal, Budget und Zeit lässt vielfach noch zu wünschen übrig, weshalb dies an dritter Stelle der Wunschliste genannt wird. Es fehlt häufig an speziell ausgebildeten Change Managern, eher werden Führungskräfte und Mitarbeiter für Changeprojekte „abgestellt" und müssen ihre Sonderaufgaben mehr oder weniger nebenbei erledigen. Siehe oben. Und bei „angeflanschtem" Change Management, das neben dem Projekt mehr oder minder mitläuft, ist dieses Budget bei Zeit- und Kostendruck oftmals das erste, an dem der Rotstift angesetzt wird – nach dem Motto „Beteiligungs-Workshops brauchen wir nicht, ist ja inhaltlich alles klar...". Weitere Forderungen, die von Befragten in der ComTeam Studie genannt wurden, sind:

- mehr Zutrauen in mein Commitment
- mehr Vertrauen auf meine Loyalität
- mehr Coaching / Qualifizierung für meine Rolle

Wenn man nun die Ergebnisse der Studie in Rat umformuliert, dann sind es im Kern diese sieben Hinweise, die zum Gelingen von Veränderungsprozessen beitragen und letztlich die weiteren zweihundert Seiten dieses Buches vorweg zusammenfassen und untermauern.

1. Veränderungsprozesse als Changeprojekt managen lassen

Wenn Veränderungsprozesse wie technische Standardprojekte abgewickelt werden, kann das nicht funktionieren, da die Anteile, die bekannt und steuerbar sind, in Anwendungsprojekten hoch, in Veränderungsprojekten aber niedrig sind. Changeprozesse erfordern, mit schwierigen und unerwarteten Situationen sowie den Reaktionen der Beteiligten darauf zurecht zu kommen. Dafür müssen Projektleiter aber mehr „drauf haben" als Fachwissen und Projektorganisations-Kompetenz. Gefordert sind Change Manager, die Prozesse sorgfältig planen *und* flexibel gestalten können, die angemessen beteiligen und vor allem menschlich mit Frust bei Betroffenen und Beteiligten umzugehen in der Lage sind. Change Manager sind manchmal Personen, die aus HR oder aus Beratungsunternehmen kommen. Manchmal aber vereinen auch Projektmanager und Führungskräfte, die mit den entsprechenden Change Management Tools vertraut gemacht wurden, über die notwendigen Fähigkeiten.

Im Idealfall sind die Change Manager auch diejenigen, die den Entscheidern Signale geben und mitunter diese persönlich fordern, Präsenz zu zeigen. Sorgen Sie also dafür, dass diejenigen, die Ihr Projekt steuern und durchführen, alles können und vor allem *dürfen*, was sie dafür brauchen. Und machen Sie sich klar, dass das Change Management ganz am Anfang beginnt und nicht erst, wenn es in der Umsetzung knirscht. Den Kolbenfresser im überlasteten Motor kann man in der Regel nicht reparieren, aber vorbeugen und verhindern kann man ihn schon. Wie, das finden Sie in Kapitel drei.

2. Stakeholder-Mapping und Interessenanalyse

Beginnen Sie früh zu klären, mit wem was erreicht werden muss, wen man im Boot braucht, mit wem man über Ausgleich für zu erwartende Nachteile verhandeln muss und wen man wozu befähigen muss – und zwar bevor man Fakten schafft und Gegnerschaft erzeugt. Change Management ist kein Sozial-Klimbim. Es geht nicht ums Begeistern oder Überreden, sondern darum, dafür zu sorgen, dass die zu Beteiligenden mitarbeiten *wollen*. Und das tun sie auch bereitwillig, mit viel Elan und meist auch „on top" zum Tagesgeschäft. Denn nichts motiviert mehr, als ernst genommen zu werden. Ein paar Schritte professionelles Stakeholder-Mapping und Interessenanalyse reichen, um die relevanten Informationen zu erarbeiten, auf denen eine tragfähige Kommunikations-, Beteiligungs- und Realisierungs-Strategie aufsetzen kann. All dies ist im Detail im Kapitel fünf beschrieben.

3. „Fitnesstraining" für die Mannschaft!

Wichtigste Voraussetzung für die Mitarbeit der vom Veränderungsprozess Betroffenen ist, sie entsprechend vorzubereiten. Einen Marathon läuft man auch nicht ohne einen Fitnessplan, bei dem die Kondition über einen längeren Zeitraum aufgebaut wird. Nur so stehen am Tag X genügend Kraft und Schnelligkeit, Ausdauer und Flexibilität zur Verfügung. Rechnen Sie nicht damit, dass Betroffene sich ebenso schnell, leichtfüßig und bereitwillig in Höchstleistungen stürzen, wie Entscheider und Berater. Aber rechnen Sie schon damit, dass sie bereit sind, dorthin *geführt* zu werden – was mehr umfasst, als forsche Ansage. Wie man dies macht, steht in Kapitel sechs.

4. Zeit für Reflexion und Justierung

Die Verweigerung von Reflexion des Erreichten und Planung des weiteren Vorgehens ist paradoxerweise der größte Zeitfresser in Projekten. Man nimmt sich nicht die Zeit zum „Äxte schärfen" und produziert so – mit schlechtem Werkzeug – etwas, was dann hinterher nachbearbeitet oder neu gemacht werden muss. Das kostet Zeit, die man nicht hat, und man verspielt Vertrauen ins Vorgehen. Es führt letztendlich zu zweitklassigen Ergebnissen, die keiner haben will. Mehr dazu in Kapitel sieben.

5. Statt fertiger Lösungen alternative Optionen entwickeln

Falsch delegierte Verantwortung und falsche Entscheidungsorte: Projekte, die nach „Gutsherrenart" aufgesetzt sind, übertragen zu viel Macht an die Projekt- oder Teilprojektgruppen. Dort entstehen dann fertige Lösungen, die „die da oben" nur noch abnicken sollen. Doch welcher Lenkungsausschuss entscheidet schon frank und frei über etwas, was er vielleicht noch gar nicht tief genug durchdrungen hat? Also reicht er es an vertrauenswürdige Experten weiter, was die Entscheidungsprozesse verzögert und die Projektarbeiter verärgert.

Lassen Sie stattdessen das Projektteam immer alternative Optionen und unterschiedliche Szenarien aufbereiten und zur Diskussion stellen. Verlangen Sie Wahlmöglichkeiten! Stellen Sie sich dieser Diskussion in aller Gründlichkeit und Tiefe, denn nur so verstehen Sie die Kriterien, die Gründe und die jeweiligen Konsequenzen ausreichend. Und nur so bleiben Sie in Ihrer Verantwortung und sind so überhaupt erst in der Lage, fundierte Entscheidungen zu treffen. Auch dies finden Sie im siebten Kapitel vertieft.

6. Führung zeigen

All dies verlangt, dass Sie als Entscheider und verantwortliche Führungskraft persönliche Präsenz zeigen, Sinn und strategischen Zweck von Change klarmachen und Verantwortung dafür übernehmen, wenn mit Veränderungen Nachteile für Betroffene verbunden sind. Sie müssen ihre Führungsverantwortung wahrnehmen und Führung zeigen. Motivationsveranstaltungen mit Firmenfilm und Freibier für alle sind dazu keine Alternative. Stimulieren, begeistern, überreden – kurz vor dem Showdown?! Da wird erst kurz vor der Realisierung überlegt, wer nun noch wie manipuliert werden muss, damit er einem nicht „die Show stiehlt". Doch niemand kann ernsthaft daran glauben, dass Führungskräfte und Mitarbeitende so naiv sind. In Wahrheit entstehen dann nur Scheinakzeptanz und Vermeidungshaltung trotz des netten Applauses für die bunten Folien. Wie sie belastbar Unterstützung gewinnen, steht im Kapitel acht.

7. Leitprinzip: Vertrauen

Das ist der wichtigste Schluss aus unseren Studien und aus der Erfahrung mit vielen großen wie kleinen Veränderungsprozessen: Sie können sich auf die Loyalität der Mitarbeitenden, auf ihre Fähigkeit und auf den Willen zum Mitwirken verlassen.

Was heißt das für die Steuerung von Veränderungsprozessen als Entscheider? Erstens braucht es natürlich auch Expertise und Fachberatung von außen, allein schon um sicher zu stellen, dass man wirklich das bestmögliche Know-how zur Verfügung hat. Doch allein zu wissen, wie etwas geht, trägt einen erstens noch lange nicht in eine erfolgreiche Zukunft und legitimiert zweitens nicht, das Know-how der erfahrenen Leistungsträger einer Organisation gering zu schätzen. Gutes Wissen muss genommen und angenommen werden. Gute Ideen müssen auch ankommen, müssen verstanden, akzeptiert und mit Bereitschaft realisiert werden. Meist braucht gerade *dieser* Prozess Sorgfalt und Erfahrung damit, wie man Betroffene und Beteiligte dazu führt, Neues und Unvertrautes zu nehmen, anzunehmen, anzuwenden, umzusetzen. Das ist weit mehr als nur der freundliche und vernünftige Umgang mit Menschen. Das wirkt sich vor allem auf die Architektur von Veränderungsprozessen aus, auf die Organisation von Macht und Verantwortung und auf die Gestaltung der Abfolge von Entwicklungs- und Entscheidungsprozessen.

Aktuelles Change Management *verbindet* strukturelles Organisations-Know-how mit Methoden der Arbeitsorganisation im Projekt und mit Methoden und Erfahrung mit erfolgreicher Projektkommunikation. Gute Führung von Veränderungsprozessen lässt das nicht nur zu, sondern verlangt das von den Prozessmanagern, fordert und fördert die dafür notwendigen Fähigkeiten. Nur so kann gelingen, die fachliche wie die soziale Komplexität eines Veränderungsprozesses erfolgreich zu bewältigen. Und nur so behalten Veränderungsprozesse die „guten Leute“ an Bord, die es nicht nötig haben, sich schlecht behandeln zu lassen.

Starke Führung und Steuerung von Veränderungsprozessen – mit Blick auf die eigenen Führungskräfte und Mitarbeitenden – fordert den Leitenden im Unternehmen etwas ab: Nämlich Zuversicht und Zutrauen in die eigenen Leute. Denn wer sonst wird bewerkstelligen, dass aus unternehmerischen Ideen und Zielen Erfolge und Erträge werden, wenn die Berater wieder draußen sind? Die Konzepte und Prinzipien dazu finden Sie in allen Kapiteln dieses Buches, denn Vertrauen ist das Fundament, das alles andere untermauert.

Kapitel Drei

Auslöser von Veränderungsprojekten

In vielen der guten alten Buchhandlungen bleiben Kunden aus, seit die Internet-Buchläden aus dem Boden bzw. aus den Kabeln schießen. Die Tatsache, dass letztere fast jeden Titel über Nacht an die Haustüre zu bringen vermögen, wandelt alle Buchläden enorm. Aber in vielen Städten sind aus den Lieblings-Buchhandlungen der Bücherfreunde Schmökercafes geworden. Da steht heute ein Tresen mit einer Espressomaschine, es gibt Chai Latte, Prosecco und Cantuccini. Diese Unternehmen haben den Wandel genutzt und Veränderungsinitiativen gestartet.

Wandel, Change und Krisen

Veränderungen in Unternehmen entstehen also manchmal einfach so, ohne dass es jemand beabsichtigt hätte. Das nennen wir Wandel. Andere Veränderungen sind aber gewollt. Zum Beispiel dann, wenn eine gute Idee als Innovation im Unternehmen realisiert wird. Aber auch Reparaturen oder Ausbesserungen sind gezielte Veränderungen. Oft sind es mehrere Gründe gleichzeitig, die ein Veränderungsvorhaben antreiben.

Veränderung kann also ein geplantes, beabsichtigtes Vorhaben sein oder einfach nur die unbeabsichtigte Folge von Wandel. Häufig aber finden auch geplante Projekte im Umfeld starken Wandels statt. Für den Erfolg eines Veränderungsprojektes ist es wichtig, sich das klarzumachen, denn die Umsetzung von Projekten hängt davon ab, dass man die unbeeinflussbaren Entwicklungen im Umfeld ausreichend in den Griff bekommt. „Man glaubt zu schieben, und doch wird man geschoben!"

Eine besondere Art von Schub haben Unternehmen in den vergangenen Jahren erlebt, die von Krisen geprägt wurden. Bereits die Konjunkturdelle der Jahre 2003/ 2004 hat viele Unternehmen zu Maßnahmen veranlasst, die mit sorgfältig geplantem Wandel nichts mehr zu tun hatten. Und noch mehr haben die Verwerfungen in Folge der Finanz- und Schuldenkrise die Notfallpläne aufgerufen. Oft war von „Rettung" die Rede, und nicht selten wurde das auch für unliebsame Maßnahmen und Projekte benutzt, die in anderen Zeiten nur schwer vermittelbar gewesen wären. Doch jeder Löscheinsatz hinterlässt Wasserschäden, und viel Vertrauen in die Verhältnismäßigkeit der Mittel ist gleichsam weggespült worden.

Auslöser für Veränderungen

Was Entscheider zu Veränderungen treibt, kann mit vier Gründen beschrieben werden: Vision, Einsicht, Leidensdruck, Notfall. „Der Anfang setzt die Struktur“ sagt man, und für Projektanfänge gilt das zu hundert Prozent. Denn die Verstehbarkeit, Kommunizierbarkeit und die Legitimität der Anfangsmotive legen den Grundstein dafür, mit welchem Schwung die Arbeit gemacht und die Verwirklichung sichergestellt werden kann.

Manche Veränderungsprozesse werden von Menschen ausgelöst, die eine Vision oder Utopie haben. Sie streben etwas Neues an. Der „Große Wurf“, ein Bild vom „Besseren Morgen“ soll entwickelt werden. Visionen haftet dabei manchmal etwas beinahe Heiliges an. Denn sie geben Orientierung wie Fixsterne, emotionalisieren wie Schokoladenpudding und sind Quelle von Begeisterung und gelegentlich auch Bekehrungsabsichten.

Bei Firmengründungen und Innovationsdurchbrüchen erzählt eine Vision davon, wie das Leben besser, schöner und reicher werden kann. Saint-Exupéry’s berühmter Spruch von den hungrigen Fischern, die mit der Sehnsucht nach dem großen weiten Meer leichter satt werden sollen als mit der Anleitung, wie man Boote baut, kündet vom tiefen Vertrauen auf die Motivationskraft einer Vision. Und manchmal funktioniert das ja auch: Wenn die Veränderung einen wirklichen, echten und großen Wurf bedeutet, wenn sie wahrhaftige Bedürfnisse erfüllt, wenn sie eine unzufrieden stellende Situation radikal zu verbessern verspricht. Wenn die Kraft einer guten Zukunft ein Projekt zieht, hat Projektarbeit einen besseren Fokus als bei notgetriebenen Projekten. Es bildet sich ein fruchtbares Klima für Mitarbeit, weil solche Projekte den Wertvorstellungen von MitarbeiterInnen Raum geben, weil sie Sehnsüchte zu erfüllen versprechen.

Doch es gibt eine Kehrseite: eine pragmatische und notwendige Veränderung hat in der Regel keine Vision, sondern einen Zweck. Und wer schlichte Geschäftszwecke emotional auflädt, läuft Gefahr belächelt zu werden – oder Ärger auf sich zu ziehen. Denn nicht jeder Fortschritt hat Missionspotential, nicht jede Verbesserung rettet gleich die Welt. Das ist die Gefahr, wenn man den Visionsbegriff überstrapaziert: es geht mit der Kooperationsbereitschaft nach hinten los. Darüber hinaus sind Visionen nicht immer wirklich krisenfest. Wenn Stress aufkommt, folgt auf Begeisterung Ernüchterung, und die Motivationslage löst sich in Luft auf.

Einsicht in eine Chance oder in eine Notwendigkeit ist ein zweiter möglicher Auslöser. Er basiert auf Vertrauen in Rationalität. Einsichten zu vermitteln, um Einsicht zu werben, funktioniert immer dann gut, wenn die Veränderung klare Vorteile verspricht ohne einen zu hohen Preis zu fordern. Oder wenn es darum geht, klare drohende Nachteile zu vermeiden, die einen ereilen, wenn man nicht handelt. Wenn es gelingt, den guten Gründen für eine Veränderung Geltung zu verschaffen, führt das zu einer Motivationslage, die zwar nicht überschwänglich begeistert, aber eben einsichtig kooperiert – das ist keine schlechte Ausgangslage. Dabei zeigt sich eine Motivation, die auf Einsicht beruht, in Organisationen etwas krisenfester als viele begeisterungsgetriebene Motive, aber die Grenze ist ebenfalls erreicht, wenn dicker Frust oder Angst ins Spiel kommen. Dann wendet sich die Motivation der „stärkeren Ladung“ zu, und die Rationalität schaltet einen Gang zurück.

Der dritte Auslöser für Veränderungsprojekte ist Leidensdruck. Oft werden Veränderungen angestrebt, um unerwünschte Entwicklungen zu stoppen oder ihnen vorzubeugen. Veränderungen werden in den Firmen also initiiert, weil Ängste und Befürchtungen vor negativen Entwicklungen da sind. Dabei sind es meistens nicht objektive Zustände, sondern subjektive Empfindungen von Problem- oder Leidensdruck, die Veränderungsprozesse verursachen. Die Menschen wollen etwas verhindern oder aus der Welt schaffen. Oder sie wollen auf sich aufmerksam machen aus der Angst heraus, dass derjenige übersehen und übergangen wird, der nicht genug Wirbel macht.

Wenn also etwas nicht mehr funktioniert, wenn Probleme offensichtlich sind, wenn der Status quo schmerzt, dann gibt das gute Gründe zum Handeln. Das birgt ein paar Gefahren in sich. Erstens die, dass nur das Symptom an der Oberfläche gesehen wird und auch nur dieses kuriert werden soll. Der Blick für das Ganze, für das Unternehmen als System bleibt dann zurück. Und so werden nicht selten neue Probleme bei der Abschaffung der alten Probleme geschaffen. Zweitens steht die emotionale Motivation in Gefahr. Denn das Grundmotiv von Leidensdruck-Projekten heißt „nichts wie weg von hier!" und beinhaltet wenig lustvolle und kreative Energie. Und drittens wird zum Problem, wenn diejenigen, die ein Leiden drückt, andere sind als diejenigen, die an der Veränderung arbeiten müssten. Dann haben die einen die Last und die anderen den Lohn. Wenn die einen die „Kostenpotentiale realisieren", also Stellen abbauen müssen, damit den Anderen ihre Gewinnziele nicht davonschwimmen, ist das für erstere wenig attraktiv.

Und viertens wird bei „Leidensdruck" als Auslöser oft zum Problem, wenn das mögliche Leiden noch gar nicht aktuell spürbar ist: Die Gefahr ist erst am Horizont, und man kann noch gar nicht einschätzen, ob und wann sie einen erreicht. Wer noch nie einen richtigen Sturm erlebt hat, kann sich nicht vorstellen, wie zerzaust man wird, wenn er über einen kommt. Es kommt also darauf an, deutlich wahrnehmbar zu machen, was geschehen kann, wenn man nicht handelt. Ernste Sorgen und entschiedenes Bemühen, Schaden abzuwenden, sind dann wieder starke Motivatoren, die Menschen in Bewegung bringen – und in die Erschöpfung führen – können.

Aber was ist zu tun, wenn die Flammen schon im Gebälk lodern? Was soll geschehen, wenn der Organisation höchstens noch ein Quartal Überlebenszeit bevorsteht, wenn sich nicht grundsätzlich etwas ändert? In solchen Notfallsituationen helfen Einsätze von task-force-Gruppen, von Turnaround-Managern oder Sanierern. Es gibt keine Zeit mehr, um in Ruhe Entwicklung und Gestaltung zu betreiben, sondern schnelles und entschiedenes Handeln ist nötig. Jetzt zählt straffe Führung mehr als sorgfältige Beteiligung. Im Einsatz gibt es Einsatzleiter mit Autorität, denen zu folgen ist. Und man muss Sanierungsschäden in Kauf nehmen, um das Ganze zu retten.

Doch oft gibt es gar keinen Plan, sondern nur pure Angst. Die häufigste Gefahr dabei ist, dass Angst die Wahrnehmung einengt, sozusagen dumm macht. Dietrich Dörner hat in „Die Logik des Misslingens“ darauf hingewiesen, dass Menschen unter Stress zu ballistischem Verhalten neigen, also oft viel zu viel tun: Aktionen starten, die übers Ziel hinaus schießen und mehr Schaden anrichten, als wenn man sie bleiben ließe. Das sind dann die Feuerwehreinsätze, deren Wasserschaden teurer ausfällt, als der Brandschaden selbst gewesen wäre. Es entstehen Aktionen und Projekte gleich bündelweise, unkoordinierbar, keinem Controlling mehr zugänglich; und wenn es schief geht, trägt die Komplexität der Welt die Schuld.

Notfälle erzeugen also Rettungseinsätze, manchmal strukturiert, manchmal panisch. Doch immer geht der eigentliche Change-Prozess hinterher erst los. Wenn man sich in einem Sanierungseinsatz von einem Teil seiner MitarbeiterInnen trennen muss, damit die Organisation überleben kann, dann beginnt der relevante Veränderungsprozess – der Wiederaufbau – in dem Moment, wo dies klar, ausgesprochen und vollzogen ist. Erst dann kann man in geordneten Schritten sich darum kümmern, dass Motivation und Produktivität der Verbliebenen wieder auf ein Level kommen, das funktioniert und Chancen für eine erfolgreiche Zukunft bietet.

Change is Pain

Im Jahr 2006 erschien ein bemerkenswerter Artikel von David Rock und Jeffrey Schwartz unter dem Titel „The Neuroscience of Leadership“. Er ging der zentralen Frage nach: „Why do people resist change so stubbornly, even when it’s in their own interest?” Also: Warum ist Veränderung für manche Menschen so schwer und schmerzlich, selbst dann, wenn sie es einsehen oder sie sogar in ihrem eigenen Interesse wäre? Die Antwort lautet: Weil sie Routinen verlassen müssen, weil sie eingeübte Denk- und Verhaltensgewohnheiten aufgeben müssen, und sich das menschliche Gehirn dagegen wehrt. Wir wissen mittlerweile aus der Hirnforschung, wie unerwartete Wahrnehmungen zunächst Achtsamkeit und erhöhte Wachsamkeit („Alarmstufe gelb“) auslösen und dann, wenn sie als riskant oder gar gefährlich eingestuft werden, das ganze biochemische Kampf- oder Fluchtpotential mobilgemacht wird.

Das geschieht über Adrenalinausschüttung und führt gleichzeitig dazu, dass die Rationalität abgeschaltet wird. „Unter Adrenalin“ wird der Frontalkortex als die für Rationalität zuständige Gehirnregion mit Blut und Sauerstoff unterversorgt und fährt die Aktivität auf ein Mindestmaß herunter. Was im Urwald absolut überlebensrettend war, nämlich bei akuter Gefahr schnell und kraftvoll kämpfen oder fliehen zu können – ohne viel Nachdenken und Abwägen – erweist sich im modernen Alltag ohne Säbelzahntiger oft als problematisch: Denn alle unvorhersehbaren Ereignisse produzieren denselben Stress mitsamt den zugehörigen biologischen Reaktionen wie seinerzeit das Knurren im Gebüsch.

Das ist fest in unserem Betriebssystem einprogrammiert und erklärt einen Großteil der Abwehrreaktionen auf Neues, ob das nun unvermeidlich, sinnvoll oder Unfug ist, was sich da verändern soll. Verhaltensveränderung ist immer ein schwieriger Prozess für uns persönlich, und selbst dann, wenn eine neue Gewohnheit oder Einstellung den Unterschied zwischen weiterleben oder sterbenmüssen bedeuten würde. Internisten und Herzchirurgen können ein Lied davon singen.

Change is Pain. Diese Einsichten bedeuten im Unternehmen: Veränderungen sind für Menschen leider unangenehm und schwierig, weil sie Empfindungen hervorrufen, die physiologisch unangenehm sind. Das bedeutet einerseits, dass „Ruckreden“, die aufrütteln sollen, in der Regel nach hinten losgehen und statt neuem Aufbruch eher Rückzug bewirken (Flucht statt Kampf bei ungleichen Gewinnchancen).

Gibt es einen Ausweg? Ja, denn zum Glück wird menschliches Verhalten nicht nur von Angst und Panik geprägt, sondern auch von Neugier, und diese lässt sich auslösen. Wenn es gelingt, „gerichtete Aufmerksamkeit“ zu erzeugen, werden Neugier, Kreativität, Flow und Durchhaltevermögen aktiviert, und es wächst die Lust, „auf Jagd zu gehen“. Auch dieser Prozess wird im Gehirn chemisch ausgelöst und unterstützt: Dopamin, die körpereigene Lustdroge spielt dabei eine wichtige Rolle.

Und es geht noch weiter: Alles, was Menschen lange genug und mit genug Begeisterung tun, erzeugt Masse und Struktur im Gehirn. Das bedeutet, dass die Hirnstruktur sich dem anpasst, worauf wir unsere Aufmerksamkeit richten, was wiederum bedeutet, dass Lernen und Entwicklung lebenslang möglich sind.

Andererseits bedeutet das, dass kreativer und konstruktiver Wandel einen Raum brauchen, der vor Überfällen sicher ist. Sowohl in der Phase der Innovation, und erst recht in der Phase der Implementierung. Man baut die Deiche besser, bevor der Sturm aufzieht.

Das ist ein Veränderungsprojekt

Projekte sind Alltag geworden. Ein großer Teil aller Arbeit findet in Projektform statt, und nicht nur bei Architekten, Beratern und IT-Experten. Viele Hochschulen organisieren die praktische Lehre in Projektform, und so ist der Begriff „Projekt“ allen vertraut. Er ist aber auch sehr unterschiedlich belegt und umfasst eine Bandbreite von Ereignisformen. Wenn große Popkünstler zwei Benefizkonzerte veranstalten und 10 Prozent der Einnahmen spenden, nennen sie das ein Projekt. Und dasselbe Wort benutzt die NASA, wenn sie den Flug von Menschen auf den Mars vorbereitet.

Ein Projekt, wie wir den Begriff verstehen, ist zunächst einmal eine Unternehmung, ein Vorhaben. Projekte bearbeiten in den Firmen oder Organisationen komplexere Aufgaben, die außerhalb der normalen Linienstruktur und Hierarchie bewältigt werden sollen. Projekte haben Aufträge, die von Menschen quer durch die Hierarchie angegangen werden. Sie ermöglichen, aber erfordern auch die Integration unterschiedlicher Personen und Disziplinen. Wenn ein IT-Ingenieur, ein Nerd, ein Jurist und ein Industriemeister für ein Marketingprojekt zusammenarbeiten, kann man erahnen, was Projektarbeit von der vertrauten Linienarbeit eines Unternehmens unterscheidet.

Projekte haben einen Zeitrahmen. In diesem führen sie von einer mehr oder weniger klar beschreibbaren Ausgangslage zu einer mehr oder weniger genau definierbaren neuen Wirklichkeit. Sie betreffen in einem Unternehmen in der Regel mehrere Bereiche und haben meistens ziemlich begrenzte Ressourcen zur Verfügung.

Projekte werden häufig für einmalige Veränderungen eingesetzt. Gerade die Einmaligkeit ist es, die dem Projekt als Organisationsform seine Wirksamkeit verleiht, sie aber gleichzeitig auch erheblich einschränkt.

Entwicklungsprozess – Projekt – Prozess

Das deutet auf eine wichtige Unterscheidung hin, nämlich die zwischen Projekt und Prozess. Der Prozessbegriff ist in den letzten Jahren in vielfältigen Bedeutungen verwendet worden, etwa durch die Fokussierung auf Geschäftsprozesse seit den 90er Jahren. Bereits davor war der Prozessbegriff aber im Sinne von „Unternehmensentwicklungs-Prozess“ auf dem Markt, hat also etwas größeres und umfassenderes als das zeitbegrenzte Phänomen „Projekt“ bezeichnet. Doch mittlerweile wird „Prozess“ viel häufiger im Sinn von Geschäftsprozess oder Verfahrensprozess gebraucht, also als organisierte Abfolge von Aufgaben.

Wenn ein Büro umzieht, ist das ein kleines Projekt. Wann ist es beendet? Mit dem Einzugstag oder vielleicht nach einem halben Jahr, wenn auch die letzten Kisten ausgepackt sind? Oder nach einem Jahr, wenn sich wieder alle an die neue Lage der Lichtschalter gewöhnt haben? Nun, das Projekt „Umzug eines Büros“ könnte man mit dem Bezahlen der Möbelwagenrechnung für abgeschlossen erklären, aber der Entwicklungsprozess, das Arbeitsumfeld zu wechseln, dauert viel länger. Solch ein Prozess dauert in den meisten Fällen länger als die offizielle Projektlaufzeit. Daran ändert auch nichts, dass man „von oben“ das Ende erklärt, weil man endlich Ruhe haben will; so geschieht das gar nicht so selten nach Reorganisationen oder Fusionen, die sich im Vollzug in der Regel als viel schwieriger herausstellen, als man bereit ist, einzusehen.

Wenn man die Veränderung in einem Unternehmen, also den Weg von einer Ausgangssituation hin zu einer neuen Wirklichkeit, als Entwicklungsprozess bezeichnet, ist ein Projekt ein „Beförderungsmittel“. Linienarbeit funktioniert eher wie ein organisiertes Linienbus-netz in einer Stadt: Informationen, Ergebnisse, Entscheidungen usw. werden auf definierten Strecken in definierten Zeiten transportiert. Projekte dagegen arbeiten eher wie Speditionen: auf Auftrag, zu flexiblen Zeiten, oft auf unerforschten Wegen und manchmal mit Spezialgerät. Dabei gibt es keine strengen Definitionsgrenzen. Projekt- und Linienarbeit ergänzen sich oft, und die eine veranlasst die andere. Es gibt Abteilungen, deren Arbeitsstil sehr projekthaft ist, und es gibt Projekte, die so groß sind und so lange dauern, dass sie fast schon wie ein eigenes Unternehmen (mit Linien) funktionieren.

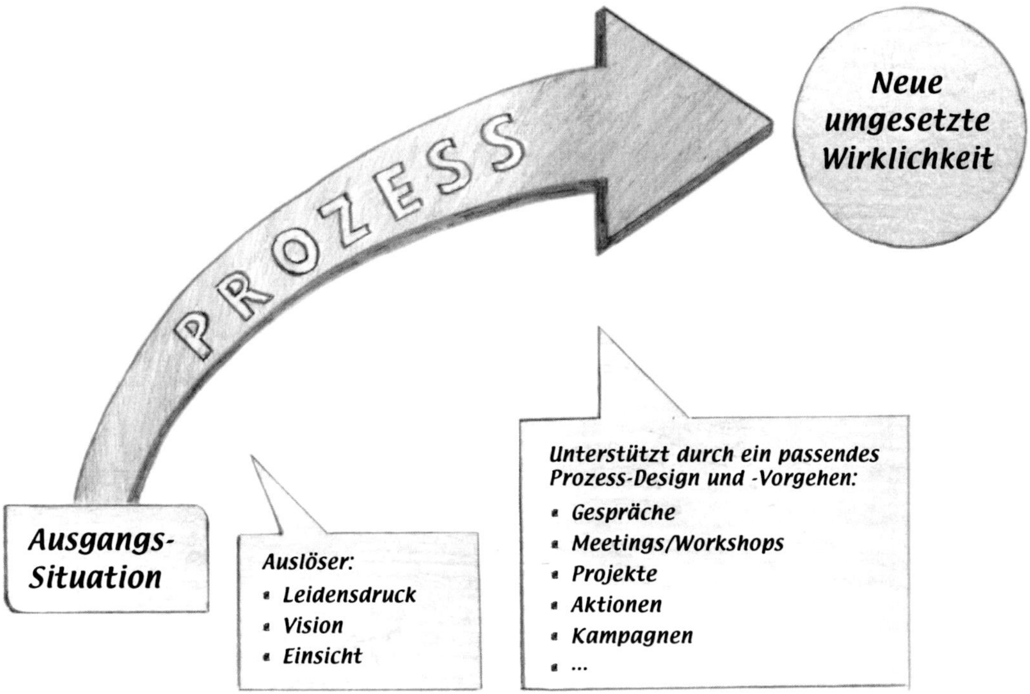

Abb. 10: Entwicklungsprozesse

Viele Projekte sind wie eine Pauschal- oder Studienreise: Der Reiseführer war schon ein paar Mal dort und kennt die Sehenswürdigkeiten, die Kneipen und die möglichen Abenteuer. Der Anteil dessen, was bekannt, vertraut und berechenbar ist, ist deutlich höher als das, was unbekannt, riskant und offen ist. Projekte dieser Art nennen wir Anwendungsprojekte.

Zu dieser Art von Projekten gehören Umzüge, technische Implementierungen, wiederholte Bauausführungen. Sie zeichnen sich alle dadurch aus, dass sie nicht zum ersten Mal gemacht werden. Was sie am meisten nährt, ist Erfahrung. Wenn man dafür Projektleiter hat, die das nicht zum ersten Mal machen und die aus unliebsamen Erfahrungen auch etwas gelernt haben, ist so ein Projekt ein Selbstläufer. Man wendet die klassischen Projekt-Management-Methoden an und erhält die Resultate, die man geplant hatte.

Doch es so einfach zu haben, ist uns nicht immer vergönnt. Manchmal sind viele Dinge zu Beginn noch unbekannt, offen, unberechenbar. Und auch der Versuch, klare Ziele zu setzen, ändert daran nichts, ganz im Gegenteil. Solche Projekte nennen wir Veränderungsprojekte. Sie sind wie Expeditionen in unerforschtes Gelände, Abenteuertrips ans Ende der bekannten Welt. Und ebenso wie bei Expeditionen machen Zielpunkt-Definitionen wenig Sinn, wenn man den Weg nicht weiter als ein paar Meter überschauen kann. Nur Richtungen, Absichten, Erkundungsaufträge kann man definieren. Und man muss immer damit rechnen, dass sich das ‚Gelände‘ nicht an die Ziele hält.

Veränderungsarbeit wie Reorganisationen oder Kulturwandelprozesse gehören immer zu den Veränderungsprojekten. Denn es kommt darauf an Neuland zu entdecken und fürs Unternehmen urbar zu machen. Solche Projekte heißen in den Organisationen „Strategieentwicklung“, „Fusion“ oder „Reorganisation“.

Es ist klar, dass es große Unterschiede in der Ausstattung, den Vorgehensweisen und den Fähigkeiten der Begleiter geben muss. Anwendungsprojekte erfordern die Fähigkeit, die Aufgaben gut zu strukturieren und die einzelnen Jobs vernünftig nacheinander bzw. nebeneinander anzuordnen. Dann müssen sie mit Zeit und Ressourcen ausgestattet werden und kommen in einen Plan oder Kalender. Und während des Projektverlaufs müssen die Ergebnisse, die Zeiten und die Kosten kontrolliert und die unvermeidlichen Abweichungen vom Plan irgendwie gemanagt werden.

Anwendungsprojekte

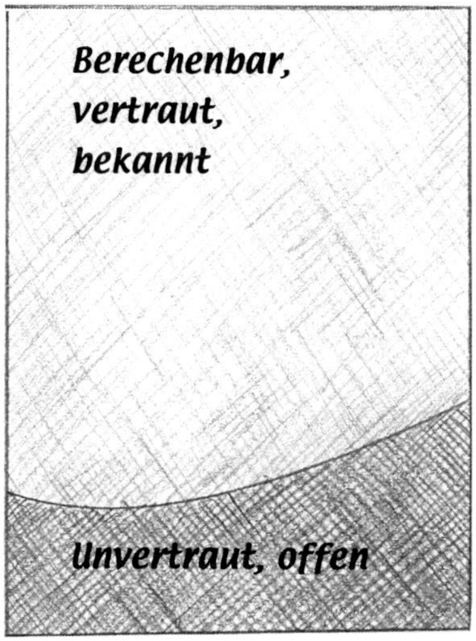

- *Managen von Zeit, Themen und Ressourcen...*

Veränderungsprojekte

- *Managen von Potentialen, Chancen, Begeisterung, Zusammenarbeit, aber auch Ängsten, Konflikten*
- *...Zeit, Themen und Ressourcen*

Abb. 11: Projekttypen

Veränderungsprojekte, also die Expeditionen ins Neuland einer Organisation, brauchen diese klassischen Projektmanagement-Fähigkeiten auch. Aber im Vordergrund steht zunächst, mit den unvertrauten Situationen, den Chancen und den Risiken zurecht zu kommen. Da tauchen oft auch Sorgen oder Ängste auf, ob man sich nicht zu viel vorgenommen hat – Change is Pain. Viele Projektmanager beantworten diese Ängste mit dem Versuch, noch besser zu planen. Manager haben schließlich keine Angst zu haben. Aber was jetzt hilft, ist Kommunikation, Austausch, gemeinsames Abwägen: gerichtete Aufmerksamkeit erzeugen und Neugier wecken.

Sich ermutigen und bestärken wirkt viel produktiver als den Projektplan zum wiederholten Mal zu präzisieren. Die Präzision verliert sich schon nach wenigen Wochen wieder im Dickicht der Wirklichkeit. Wer als Projektleiter nicht die Nerven hat, sich auf den Prozess des Entdeckens einzulassen, wird zu den wirklichen Schätzen nicht vordringen. Auch bei Veränderungsprojekten zählt Erfahrung, aber eine ganz andere als bei den Anwendungsprojekten. Während bei den letzteren die Erfahrung, wie man etwas genau machen kann, wertvoll ist, zählt bei Veränderungsprojekten die Erfahrung, wie man mit dem Nicht-genau-Wissen zurechtkommt.

Sei der Wandel, den du in der Welt sehen willst!
MAHATMA GHANDI

Ziele von Veränderungsprojekten

Nicht alles, was man als Entscheider will, ist leicht vermittelbar, macht sofort richtig Sinn, wird von Führungskräften und Betroffenen mitgemacht. Nicht alles funktioniert, nur weil es heftig genug gewollt wird, und nicht jedes Ziel ist klug, wenn es z.B. Vorteile für die Einen auf Kosten anderer verfolgt. Da stellt sich auch die Frage, was überhaupt ein „Ziel" ist. Wer nicht klar hat, wo er am Ende herauskommen will, wie das Zielbild aussehen soll, bringt auch keine zielführende Projektorganisation auf die Reihe. Ziele sind also von Anfang an wichtig. Aber man darf solche richtungweisenden Ziele nicht mit „Lösungen" verwechseln. Ein Firmenwiki einzuführen ist in diesem Sinn kein Ziel, sondern die Lösung für das Ziel, den Zugriff auf Unternehmensinformationen für Mitarbeiter zu ermöglichen oder zu erleichtern. Ziele geben also Sinn, Orientierung und Leitplanken. Sie dürfen aber im frühen Stadium nicht bereits die Lieblingslösungen der Entscheider mit Macht durchdrücken wollen. Aber auch bei wohlformulierten Zielen funktioniert nicht alles, was man will, nur weil man es will.

Welche Ziele „funktionieren"?

Manche Ziele funktionieren aus „logischen" Gründen nicht, weil es einfach an sich nicht geht. Wer in zehn Minuten mit dem Taxi von Münchner Hauptbahnhof zum Flughafen gebracht werden will, kann das vergessen, auch nachts um drei. In der Stadt ist ein Schnitt von 150 km/h nicht drin, auch nicht auf Befehl. Nach demselben Muster funktionieren manchmal Umsatzerwartungen oder Zeitziele für Projekte oder Kostenziele bei großen Bauvorhaben eben nicht. Siehe Elbphilharmonie, siehe Berliner Flughafen, siehe Stuttgart21.

Zweiter Scheiter-Grund: Unverhältnismäßigkeit. Ein ehrgeiziges Vorhaben kostet so immens viel – und nicht nur Geld –, dass alle den Kopf schütteln. Vor allem jene, die die Zeche zahlen müssen. Das Dumme ist, wenn der hohe Preis sich erst entpuppt, wenn man bereits eine Menge investiert hat. Daniel Kahneman, der Wirtschaftsnobelpreisträger, beschreibt das, was dann psychisch einsetzt, als „Verlustaversion". Kurz beschrieben: 1000 Euro zu verlieren schmerzt doppelt stark, als 1000 Euro zu gewinnen freuen würde. Wenn man bereits viel investiert hat, gibt es keinen guten Weg mehr zurück. Und wenn so etwas klar wird, ist bei vielen Beteiligten schnell „die Luft raus"; wenn keiner mehr an den Karren glaubt, zieht ihn auch niemand aus dem Morast. Außer vielleicht jener, dem der Karren gehört – doch alleine geht es dann oft auch nicht mehr. Pech gehabt.

Dritter Grund: Ungerechtigkeiten, Ökoverstöße, unethisches Verhalten. Ethik wird (wieder) deutlich bedeutungsvoll beim Wirtschaften, und gepaart mit den neuen Möglichkeiten der Transparenz via Internet mitunter zum k.o.-Faktor. Brent Spar war bereits in den Neunzigern ein Desaster für Shell, und die heutigen social media Plattformen sind noch viel schneller und radikaler. Unternehmen, die Opfer eines „shitstorms" (Empörungswelle) werden, haben mit handfesten Folgen zu rechnen, denn Image ist gleich Umsatz. McDonalds, Vodafone, Amazon & Zalando und viele andere können ein Lied davon singen.

Doch auch MitarbeiterInnen wehren sich mit Hilfe der sozialen Plattformen, wenn im Unternehmen Dinge geschehen, die ihnen nicht passen. Facebook ist voll von Unzufriedenheitsäußerungen frustrierter MitarbeiterInnen, und beim Unternehmens-Screening via Google kommen manchmal solche Äußerungen in die Liste. Auch bei LinkedIn gibt es ein Tool, das alles auflistet, was über ein Unternehmen im Netz zu finden ist. Das bedeutet für Projekte mit großem Veränderungspotential für Betroffene: Die Legitimität der Ziele wird auch aus ethischem oder moralischem Blickwinkel beurteilt, und das Urteil wird mehr oder weniger öffentlich kommuniziert. Manches aus Versehen, manches aus Absicht, doch was Google einmal hat, ist kaum mehr aus der Welt zu schaffen, ob es wahr ist oder nicht.

Wie leicht so etwas passieren kann, beschreibt der shitstorm-Forscher Thomas Zorbach im Herbst 2012 im Focus unter der Überschrift „Netzwerkeffekte überlagern kognitive Effekte“:

„Ein Abiturient im Westfälischen wollte für einen Abistreich eine Hüpfburg mieten und wurde vom Unternehmen übel beschimpft, weil er nicht viel zahlen wollte. Das hat sich der Schüler nicht gefallen lassen. Der Abiturient hat dann den Mailverkehr einer Lokalzeitung gegeben. Die hat die Geschichte gedruckt. Den Artikel stellte der Schüler auf seine Facebook-Seite. Und dann ging es los. Jetzt ist es eine internationale Geschichte, über die sogar in Südamerika berichtet wurde.“

Für inhaltliche oder prozessuale Ziele werden häufig Kriterien gefordert, die dem vertrauten S.M.A.R.T-Prinzip entsprechen:

S Spezifisch, konkret
M Messbar, verifizierbar
A Akzeptiert
R Realistisch, logisch machbar
T Terminierbar

Dabei hat es besonders das Kriterium „Akzeptiert“ in sich, weil es um Interessen, um Macht, um Bedürfnisse, um Gerechtigkeit, um Ausgleich etc. geht. Aber auch das „Realistische“ ist nicht immer einfach zu erzielen, und man muss gut auf die Integration von Projektergebnissen ins organisatorische Umfeld achten, damit der erhoffte Erfolg nicht ausbleibt. Die so simpel klingenden Erfolgskriterien einer Zieldefinition haben es manchmal also in sich, und es braucht sorgfältige Vorbereitung, um Veränderungsprojekte in einen sinnvollen Zielkorridor zu führen.

Dies wird nochmal besonders deutlich, wenn man das Kriterium „Terminierbar“ genauer anschaut: dazu gibt es fundamentale Überlegungen, von denen der folgende Abschnitt handelt.

Ziele als Wegweiser

In klassischen Projekten wird manchmal in der Projektplanung ganz am Anfang bereits eine möglichst exakte Zieldefinition durchgeführt - und auf Zeitaufwand, Kosten und Fertigstellungstermin reduziert. Dies resultiert aus der Überzeugung, dass man ein Ziel nicht erreichen kann, wenn nicht klar ist, wo man hin will. Allerdings sind komplexe Veränderungen einerseits so umfangreich und andererseits so unvorhersehbar, dass die Definition von Ziel-Punkten im allzu frühen Stadium nicht richtig sinnvoll ist. Denn erst im Verlauf der ersten Projektschritte entstehen oft erst die Erkenntnisse, die zu einer sinnvollen Zieldefinition führen werden. Deshalb ist zunächst die Klärung der Ziele im Sinne von Wegweisung nötig: Das gibt Orientierung, ohne sich zu schnell auf Lösungen festzulegen.

Später kommt dann die Zeit für die konkreten Zielbeschreibungen und begleitet die Veränderer eine längere Strecke des Projektes. Und selbst sehr sorgfältig entfaltete Ziele können im weiteren Verlauf des Projektes aus wichtigem Grund neu gewonnenen Erkenntnissen angepasst werden; bis zum „point of no return“. Ab einem gewissen Punkt stehen dann die Ziele exakt und werden auch nicht mehr modifiziert. Wenn der Entstehungsprozess dahinter sorgfältig genug war, dann „stimmen“ die Ziele auch so sehr, dass es keine Veränderungsnotwendigkeiten mehr gibt, und dann kann konsequent realisiert werden.

In einer öffentlichen Verwaltung haben wir erlebt, dass die anfängliche Zielparole hieß: 15 Prozent Einsparung bei allem! Was wiederum kein Ziel ist, sondern die Lösung zum Ziel: Identifizieren und Ausschöpfen aller Einsparpotentiale. Zum Glück hat sich von diesem Ziel niemand einengen lassen. So gelang es, etwa die internen Postwege von mehreren Tagen auf zwei Stunden zu verkürzen, bei gleichzeitiger Halbierung des Personalbedarfs für diese Aufgabe. Das macht deutlich, dass verfrühte Lösungen im sprachlichen Gewand von Zielen – ohne gute Kenntnis der Veränderungslandschaft und ihrer Stellhebel – oft mehr schaden als nützen. Denn durch sie wird der Blick darauf verstellt, was mit Phantasie und Mut wirklich erreichbar ist.

Zieldimensionen: Qualität, Akzeptanz, Integration

Die Ziele von Veränderungsarbeit, die wir am Anfang von Projekten ins Auge fassen, haben einen eher grundlegenden, übergeordneten Charakter. Sie fungieren mehr als Kompassnadel oder als Wegweiser denn als Zielpunkte. Doch bei jeder Veränderungsarbeit geht es zunächst um dreierlei.

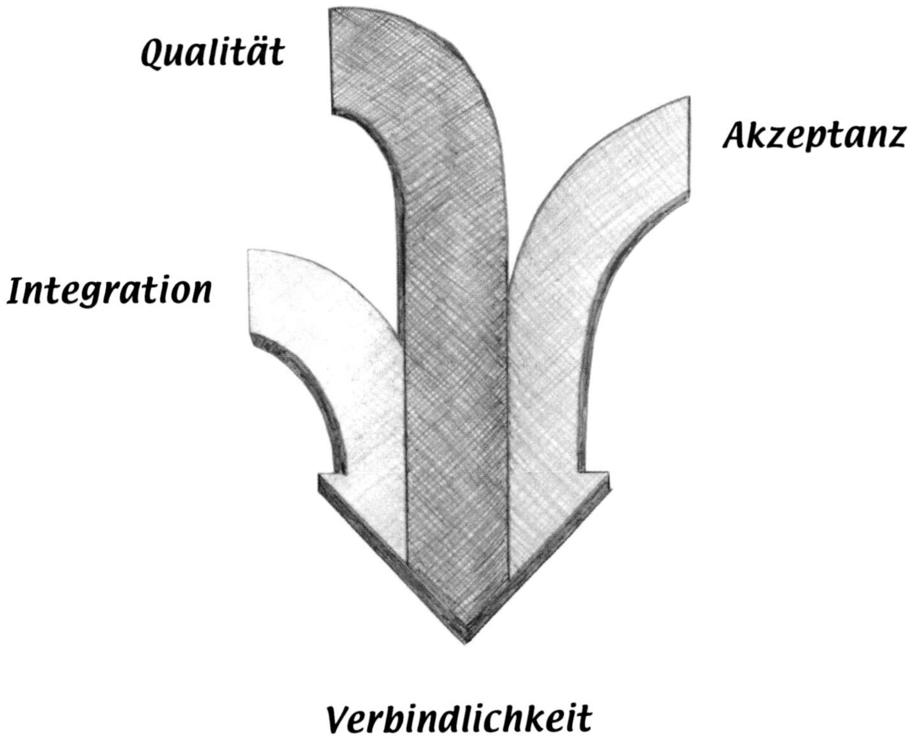

Abb. 12: Zieldimensionen

Erstens müssen Ergebnisse in einer fachlichen und logischen Qualität entstehen, die drei wichtigen Kriterien genügen: der Vollständigkeit, der Vernetztheit und der Umsetzbarkeit. Vollständig müssen die Ergebnisse sein in dem Sinn, dass alle relevanten Informationen Berücksichtigung gefunden haben. Vernetztheit bedeutet, dass man die relevanten Zusammenhänge der beteiligten Aspekte und ihre Wechselwirkungen kennt; und Umsetzbarkeit bedeutet, dass eine bestimmte Ergebnisqualität ins bestehende Umfeld passen muss. Manchmal scheitern zum Beispiel neue Vertretungsregeln in einem Team an den technischen Grenzen einer Telefonanlage. Und die besten Personalentwicklungs-Programme zur Förderung von Teamfähigkeit scheitern an einem Belohnungssystem, das bei hoher persönlicher Durchsetzungskraft steigende Beförderungschancen in Aussicht stellt.

Das zweite Ziel von Veränderungsarbeit ist, für die erarbeiteten Ergebnisse Akzeptanz zu finden. Das bedeutet, dass man mit den Bedürfnissen und Ansprüchen, den Rechten und Wünschen der Betroffenen sorgfältig umgehen muss. Akzeptanz entsteht nicht, wenn man fertige Experten-Konzepte auf Goodwill-Veranstaltungen präsentiert, mit Firmenfilm und Würstchen für alle. Akzeptanz entsteht durch ein geplantes Beteiligungsmanagement, das die richtigen Leute in der jeweils angemessenen Weise in die Gestaltung der Resultate einbindet. Akzeptanz entsteht auch nicht durch gute Lösungen an sich, sondern auf dem Weg ihrer Entstehung. Das geht vom einfachen regelmäßigen Informieren über dialogische Infoveranstaltungen bis zum ausgeklügelten Schulungskonzept.

Die angemessene Beteiligung der betroffenen Mitarbeiter berührt die sachlichen Themen der Menschen ebenso wie die kulturellen. Eine wichtige Frage für die Menschen ist: was bleibt gleich, was ändert sich? Alles, was in einem Projekt gemacht oder unterlassen wird, wird auf der Ebene von Wertschätzung oder Geringschätzung wahrgenommen. Und Projekte, die bei den Betroffenen keine Akzeptanz finden, weil ihnen manchmal schon die Titel Geringschätzung vermitteln, haben keine guten Karten bei der Umsetzung. „Mobilisierungs-Initiative" *(Faulenzer!)* oder „Qualitätsoffensive" *(Schlamper!)* sind Beispiele für eher unglücklich gewählte Projekttitel. Und aus score (punkten) wird im Mitarbeitermund schnell *scare* (fürchtet Euch).

Beteiligungs-Management muss dafür sorgen, dass die Menschen entsprechend ihrer Position und Funktion Macht und Verantwortung übernehmen. Das heißt auch Interessen, Sorgen, Ideen und Widerstände sowie die unterschiedlichen Veränderungs-Geschwindigkeiten zu berücksichtigen. Diese Arbeit identifiziert Betroffene und ihre Interessen und führt Interessenskonflikte bis zu deren Entscheidung. Dies alles muss gelingen, denn ohne Akzeptanz wird nichts wirklich und gewinnbringend realisiert werden. In einer Welt vernetzter Projekte, die einer alleine weder steuern noch durchsetzen kann, ist Akzeptanz der elementare Schlüssel: 150 % Qualität mal 5% Akzeptanz ergibt 7,5% Umsetzung. Da kann man es dann besser auch lassen.

Die dritte Zieldimension heißt Integration, unter zwei Blickwinkeln. Unter Strategiegesichtspunkten muss ein Projekt einerseits in eine bestehende Strategie passen, sie andererseits aber auch herausfordern. Wenn die Projektziele mit der bestehenden Strategie zu wenig harmonieren, wächst der Widerstand, vor allem bei den Führungskräften. E-Commerce-Projekte etwa stehen oft scharf im Gegenwind, weil sie die bewährten Verkaufsprozesse obsolet erscheinen lassen und bisher gültige Regeln des Handelns auf den Kopf stellen. Regionalität als Marktstrategie und Internet-Geschäft passen nicht leicht zusammen. Wenn Projektziele sich dagegen zu nahe an bestehenden Strategien orientieren, verlieren sie ihre Innovationskraft. Das ist zwar nicht eigentlich schädlich, für Veränderer aber zu langweilig. So tanzen spannende Projekte manchmal auf einem schmalen Grat im Kräftefeld bewahrender und erneuernder Strömungen.

Ähnliches gilt, wenn man die Kultur des Systems in den Blick nimmt. Auch hier muss die Projektkultur einerseits Anschlussfähigkeit an die bestehenden Regeln und Normen beweisen. Und auch hier darf ein wenig Reiz im Herausfordern und Angreifen alter Verkrustungen mit im Spiel sein. „Es ist nicht gesagt, dass es besser wird, wenn es anders wird.“ kann man hier G.C. Lichtenberg sagen hören, „Aber es muss anders werden, wenn es besser werden soll.“

Wenn es gelingt, eine gute Qualität mit einer hohen Akzeptanz zu verbinden und die Integration glückt, dann wird Verbindlichkeit für die Umsetzung von Veränderungen erreicht. Darum geht es letztlich. Wenn es gelingt, dass die Mitarbeiter die Lösungen zu sich nehmen und bei sich an ihrem Arbeitsplatz verwirklichen, dann entwickelt sich die Organisation. Die Kunst ist es, die Balancen zwischen Qualität und Akzeptanz, zwischen Anpassung und Herausforderung herzustellen. So entstehen nachhaltige Ergebnisse mit langfristigen Wirkungen.

Die Arbeit an Qualität, Akzeptanz und Integration setzt eine gute Zusammenarbeit zwischen Projektteam, Management und beteiligten Mitarbeitern voraus. Eine solche Zusammenarbeit findet auf der Basis der Regeln und Werte und Umgangsformen der Kultur des Unternehmens statt.

Die Methoden für diese Zieldimension fassen wir unter dem Begriff Implementierungsmanagement zusammen. Man steuert das Tempo und die Intensität der Veränderung, man installiert Feedback-Schleifen, die Wirkungen von Veränderungen transparent machen, und regelt die Beschleunigungskräfte, die Veränderung vorantreiben.

Kapitel Vier

"Ob du denkst, du kannst es, oder du kannst es nicht:
Du wirst auf jeden Fall recht behalten."
HENRY FORD (1863-1947)

Unternehmenskultur und Produktivität

Stechuhr oder Vertrauensarbeitszeit? Warum kontrollieren manche Firmen die Arbeitszeiten ihrer Mitarbeiter mit hohem technischen Aufwand und andere derselben Branche überhaupt nicht? Warum dauern bestimmte Entscheidungen in der einen Firma drei Tage und dieselbe Entscheidung in einer anderen Organisation ein halbes Jahr? Warum riskieren Leute, die gegen Regeln verstoßen, in dem einen Unternehmen ihren Job für etwas, was anderswo gar nicht bemerkt wird?

Der Unterschied liegt in dem, was wir Unternehmens- oder Systemkultur nennen: der Summe der Wertvorstellungen, Überzeugungen, Regeln und Normen darüber, wie Kommunikation, Zusammenarbeit, Effizienz und Erfolg funktionieren.

Wie Unternehmenskultur entsteht und sich äußert

Organisationen sind von Menschen gemacht. Strukturen, Abläufe, Architekturen, Vereinbarungen und Verträge folgen immer den Überzeugungen der Menschen, dem, was gut und nützlich für sie ist – oder was sie dafür halten. Dies hat als eine Quelle diejenigen, die eine Organisation begründet oder maßgeblich gestaltet haben. „Wie der Herr, so's Gescherr" sagt das Sprichwort. Die Talente und Neurosen dieser Leute prägten die ersten wichtigen Entscheidungen und der Erfolg bestätigt das. In der Folge wird dann jede weitere Erfahrung eine zusätzliche Bestätigung der ersten Annahmen oder führt zur manchmal dramatischen Korrektur. Aus Verabredungen werden Gewohnheiten, aus Gewohnheiten werden „Abläufe", und nach zehn Jahren gibt es ein Betriebshandbuch mit 500 Regeln. So entsteht Organisation. Und so entsteht Kultur: Über die Jahre wachsen die unternehmenskulturellen Geschichten von Organisationen wie ein Bilderbuch der Erfahrungen, der Heldentaten, der überstandenen

Gefahren und der besonders kritischen Situationen. Viele der Erfahrungen bilden sich natürlich auch in Entscheidungen ab, die ein Unternehmen ganz handfest prägen: über Büroeinrichtungen, Telefonverzeichnisse, Aufbau- und Ablauforganisationen, Verträge und vieles mehr. In allem werden die Eigenarten und Erfahrungen ihrer Macher abgebildet.

Diese Art, *„wie wir die Dinge hier machen“,* bindet im Laufe der Zeit ab wie Mörtel. Anfangs weich und flexibel, dann ausgehärtet und stabil: Wie Zement eben. Das Bindemittel von Unternehmenskultur besteht einerseits aus ihrem Erfahrungsgehalt, dem gewonnenen oder erkämpften Know-how, und andererseits aus der Emotionalität dieser Geschichten.

Wenn neue Mitglieder in Organisationen kommen, finden sie eine bestehende Kultur vor und nehmen Teile davon bewusst und andere unbewusst wahr. Zudem ist die persönliche Situation von Menschen, die ihren Arbeitsplatz wechseln, oft von einer unsicheren Zugehörigkeit geprägt. Das befördert eher die Anpassung. Und es erklärt, warum Systemkulturen oft so zäh und veränderungsresistent erscheinen. Es macht auch klar, dass die Kultur von Organisationen mit langer Geschichte sich nicht einfach dadurch ändert, dass man den Namen, das Logo, die Rechtsform oder sogar die Führungskräfte wechselt. Das kann man bei allen privatisierten Organisationen oder ehemaligen Monopolisten sehen: Bis *Abnehmer* und *Antragsteller* in der alltäglichen Arbeit der Mitarbeiter zu so etwas wie *Kunden* werden, das dauert seine Zeit. Es braucht vor allem mehr an Unterstützung als redaktionelle Arbeit an Formularen oder Neumöblierung der Eingangshallen.

Ein ebenso bedeutender stabilisierender Faktor für Unternehmenskulturen ist das gesellschaftliche Umfeld, in dem sie agieren. Schon zwischen einem größeren Familienunternehmen auf der Schwäbischen Alb und dem nur wenige Kilometer entfernten Weltkonzern liegen unternehmenskulturell Welten. Denn das eine richtet sich nach dem Willen der Gründer, das andere orientiert sich an globalen Entwicklungen, die Berater in Analysen und Prognosen zur Verfügung stellen. Und ebenso wirken gesellschaftliche Unterschiede: die deutsche Erfahrung mit Nachkriegszeit und Demokratisierung prägt uns ebenso wie die 68er-Bewegung (Willy Brandt „Mehr Demokratie wagen“) und die Skepsis gegenüber „Führern“ mit großer Machtausstattung.

Das wirkt sich manchmal aus, wenn man versucht, japanische oder amerikanische Instrumente bei uns hier zum Funktionieren zu bringen. In Japan, wo ein bestimmter Umgang mit Autorität und Seniorität kulturell tief verankert ist, entstehen und funktionieren Regeln und Instrumente, die auf unseren Kulturkreis nicht einfach eins-zu-eins kopierbar sind; was nicht bedeutet, dass wir davon nichts lernen könnten. Aber kapieren ist aufwendiger als kopieren. Dasselbe gilt für den American way of life, dessen Extrovertiertheit, Pionierstärke und Leichtigkeit mit Veränderungen dem deutschen Ingenieur nicht in der gleichen Dosis in die Wiege gelegt wurde.

Fusion in 90 Tagen? Das ist Unfug. Dennoch stehen wir durch die Internationalisierung vieler Branchen vor der Herausforderung, grundverschiedene Kulturen in einer Organisation zu verbinden und zum Kooperieren zu bringen. Nicht in 90 Tagen und weder durch Integration noch durch Multi-Kulti-Ideologie, sondern durch sorgfältige Verhandlungsarbeit, die Unterschiede würdigt und dennoch die notwendigen Gemeinsamkeiten entwickelt und im Alltag lebendig werden lässt. „Zukunft braucht Herkunft" ist ein oft zu hörender Satz, um die Vergangenheit zu würdigen, und es stimmt – einerseits. Andererseits braucht Zukunft aber auch die Entschiedenheit des Neuanfangs. Keine Hochzeit wird fruchtbar, wenn die Brautleute nicht ihre Eltern in den entscheidenden Stunden des Schlafzimmers verweisen.

Wie Kultur den Rahmen setzt

Abb. 13: Felder der Unternehmenskultur (Rückseite des ComTeam Kulturprofil-Indikators®)

Wichtig beim Betrachten der kulturellen Eigenheiten ist dabei, nicht vorschnell zu urteilen, ob etwas gut oder schlecht ist. Alles, was kulturell Bestand hat oder hatte, ist als erfolgreiche Anpassungs- oder Lernleistung entstanden und war zu seiner Zeit nützlich. Sonst wäre es nicht entstanden oder hätte sich nicht gehalten. Doch wenn sich die Umgebung, das Umfeld oder das Milieu ändern, funktioniert Vieles nicht mehr so gut wie zuvor. Die relevante Frage mit dem Blick auf die Kultur ist also immer, ob sie einer Veränderung Vorschub gibt oder im Weg steht. Und in beiden Fällen lässt sich dann überlegen, wie man kulturelles Potenzial entweder nutzen oder kulturelle Hindernisse abflachen bzw. überwinden kann.

Auf die vier Kulturfelder mit dem wichtigsten Einfluss auf Veränderungsprozesse gehen wir hier etwas ausführlicher ein:

1. Der Umgang mit Führung

Der kulturelle Aspekt am Umgang mit Führung zielt erstens darauf, wie Führung ausgeübt wird: klar, direktiv, subtil, diplomatisch? In sehr familiären Kulturen etwa würde man keine laute Ansage machen, sondern mit dem Heben einer Augenbraue andeuten, welche Wünsche für eine günstige Einschätzung der Karrierechancen zu erfüllen wären. „The Queen is not amused“ heißt es, wenn die Lady echt sauer ist. In anderen Kulturen wiederum muss man zeigen, dass man sich durchsetzen kann und dass auf einen als Vollstrecker gesetzt werden kann.

Zweitens ist auch eine Kulturfrage, ob und wie der Führung gefolgt wird, welche Folgen es also hat, wenn sich jemand über den Führungswillen hinwegsetzt und sein eigenes Ding macht. Das ist häufig in jungen, egalitären Kulturen der Fall, weil die Autonomie der Einzelnen ein höheres Gut ist, als die Steuerbarkeit der Organisation. Unternehmen wie Atlassian[5], der australische Softwarehersteller, „verordnen“ gar jedem Mitarbeitenden, zwanzig Prozent seiner Arbeitszeit an selbstgewählten Aufgaben oder Projekten *(Independence Days)* zu arbeiten und belohnen die Erfolge dabei mit unternehmensöffentlichen Awards. Mit der klaren Führungshoheit, wie man sie in deutschen Traditionsunternehmen gewohnt ist, hat das nichts mehr zu tun, und es funktioniert dennoch oder gerade deswegen prächtig.

[5] http://www.atlassian.com/company/careers/life

Doch es gibt auch nahezu paramilitärische Kulturen, in denen unbedingte Gefolgschaft und präzises Funktionieren für Erfolgsfaktoren gehalten werden. Man darf also nicht zu voreilig und ideologiegetrieben be- oder verurteilen, wie sich Kulturen ausprägen. Es ist immer eine Frage der Kongruenz von Gepflogenheiten und Verhalten in einer bestimmten Marktsituation und in Beziehung zu den Erwartungen der wichtigen Stakeholder.

Drittens ist es eine zentrale Kulturfrage, wie man in einer Organisation denn überhaupt Führungskraft wird, wie man sich also geben und verhalten muss, um auf die Bewerberlisten der Personalentscheider zu gelangen. Fachlich stark? Kommunikativ talentiert? Ergeben oder eigenen Kopf beweisend? Verbindlich und ausgleichend oder streitbar und herausfordernd? Besonders bei der Auswahl von Führungskräften zeigen sich die wahren Werte, die in einer Organisation umgesetzt werden – unabhängig von den netten Sachen, die im Führungsleitbild stehen.

2. Der Umgang mit Macht und Hierarchie

Eng mit der Führungskultur ist der Umgang mit Macht und Hierarchie verbunden. Es gibt Kulturen mit großer Machtdistanz, was bedeutet, dass man sich den Mächtigen nur mit großer Ehrfurcht nähern darf, und solche mit geringer Machtdistanz. Von Bill Gates etwa wird berichtet, dass er sich gerne im Betriebsrestaurant auch mal zu den Lehrlingen setzte, um über Musik und Sport zu plauschen – und für niemanden war das etwas vollkommen Ungewöhnliches. Dagegen erfordert in anderen Kulturen allein die Anwesenheit von Vorständen, dass man nur noch leise spricht, sich nur vorsichtig bewegt und außer Ehrerbietung am Besten gar nichts zeigt.

Ein Spezialfall des Umgangs mit Macht und Hierarchie ist, wie Entscheidungen getroffen werden. Dazu gehört, ob und wie kompetente Fach- und Führungskräfte in einen Entscheidungsfindungsprozess, der sie in ihrer Rolle stark betrifft, einbezogen werden. Das ist verschieden: Manchmal liegt der Entscheidungsfindung der Glaube zugrunde, *„die Mitarbeiter wollen und können keine Verantwortung übernehmen“* oder *„nur die Topentscheider können gute Entscheidungen treffen“*. Hier wird sich ein Regelwerk entwickeln, das Mitarbeiter kaum bis gar nicht beteiligt. Gilt dagegen das Glaubenssystem, dass *„alle betroffenen Führungs-*

kräfte und Mitarbeiter den Entscheidungen zustimmen müssen, sonst entstehen keine wirksamen Handlungen", dann werden sich Vorgehensweisen entwickeln, die Betroffene intensiv in den Prozess einbeziehen – im Extremfall bis zum Konsensterror.

Im ersten Fall wird die Kompetenz und die Bereitschaft von Mitarbeitern zur Übernahme von Verantwortung nicht genutzt, die Mitarbeiter werden im Lauf der Zeit immer weniger dagegen opponieren und sich immer mehr auf das unbedingt Notwendige an Anteilnehmen zurückziehen. Letztendlich werden die Verfechter dieser Systemkultur bei ihrer Einschätzung bleiben können, sie erhalten ja ständig Belege von Desinteresse und Inkompetenz. So erfährt ein Muster ständig Bestätigung, so konstruiert sich das, was wir dann Wirklichkeit nennen. Im zweiten Fall des Konsensterrors fühlen sich Führungskräfte und Mitarbeiter immer mehr genervt. Sie hoffen, dass sich die betroffenen Entscheider endlich mehr ihrer Verantwortung stellen, dass jene auch einmal bereit wären, auftretende Konflikte aufzugreifen, zu bearbeiten und durchzustehen. Aber in dieser Hoffnung verharren sie, halten sich zurück und erzeugen damit bei den Entscheidern den Glauben, dass man sie einfach mehr beteiligen müsste... So folgt auch dieses Muster seiner Tendenz, sich permanent selbst zu reproduzieren.

3. Veränderungskultur

Ein weiteres zentrales Kultur-Feld liegt im Umgang mit Veränderung und Projekten, denn der globale Wettbewerbsdruck wird ebenso wie der Attraktivitätsdruck aus demografischen Gründen kein Unternehmen so lassen, wie es ist. Wer nicht mit der Zeit geht, geht mit der Zeit, sagt man, und die Anzahl der Firmenpleiten und -übernahmen ist seit der Jahrtausendwende im Vergleich zu den Neunzigern wieder deutlich am Steigen: Von unter 10.000 Unternehmensinsolvenzen 1990 auf um die 30.000 im Jahr 2012[6].

[6] www.destatis.de/DE/ZahlenFakten/Indikatoren/LangeReihen/Insolvenzen/lrins01.html

Doch Lust auf Veränderung ist verschieden verteilt: wenn jemand in seinem persönlichen Leben gelernt hat, dass *„Veränderungen zum Erhalt meines Systems (Familie, Freundeskreis) nützlich, erforderlich und erfreulich sind“*, dann wird er diese Erfahrung in seinem Einflussbereich wirksam machen, bewusst oder unbewusst. So jemand sucht natürlich häufig und gerne nach Veränderungsmöglichkeiten. Doch oft ist das dann zum Verdruss derer, die keine so positiven Erinnerungen an Veränderungen in ihrem Leben haben. So entbrennt eine Dynamik wie auf der Dampflok zwischen „Heizern und Bremsern“: Die Heizer legen Kohlen nach, um vom Fleck zu kommen, und die Bremser hängen sich stärker ins Seil, weil es ihnen zu schnell geht. Der Schluss ist dann der vibrierende Stillstand, der die Maschine ruiniert, wenn nicht bereits vorher allen gemeinsam der überhitzte Kessel um die Ohren fliegt.

Dabei werden die Bremser leicht als solche diskriminiert und ihr Wert für die Stabilität des Systems übersehen: Wer gelernt hat: „Veränderung bedroht ... “, sucht nach Bewahren, nach Sicherheit und Stabilität, um damit das Überleben zu sichern oder zu erleichtern. In Organisationen, wo der Umgang mit Veränderungen durch diesen Glauben dominiert ist, werden Veränderungs-Absichten schnell als Weg ins Chaos beschrieben und der potentielle Untergang an die Wand gemalt. Hier wird Veränderung nur mit gleichzeitigem Sorgen für Sicherheit und Stabilität eine Chance bekommen.

Gerade hier wird deutlich, wie notwendig es bei der Gestaltung von Veränderungs-Prozessen ist, dass diese Regeln bewusst sind. Nur wenn beide Sichtweisen über Veränderung in einer Organisation Platz haben und akzeptiert werden können, werden Interessen wie Befürchtungen wertschätzend besprechbar und eine Weiterentwicklung möglich.

4. Umgang mit Konflikten

Der Umgang mit Konflikten in Organisationen hat zwei Seiten: die eine ist, welche persönlichen Fähigkeiten die Menschen in der Organisation im Adressieren, Austragen und Lösen von Konflikten haben; die andere Seite beschreibt, welche Sorte von Konfliktverhalten in der Organisation geduldet bis gewünscht wird – und welche Folgen das jeweils hat. Und diese beiden Seiten passen öfter mal nicht zusammen, wie bei einer Workshopgruppe, die ihr Unternehmen als „Kuschelzoo“ bezeichnet hatte. In diesem Unternehmen war vielen Führungskräften bereits sehr klar, dass sie mit zuviel Konsenskultur im Wettbewerb schlechte Karten hätten. Denn wenn man denjenigen Konflikten aus dem Wege geht, die nötig sind, um die beste Qualität und die vorteilhaftesten Wege zu ersteiten, dann bremst dies Innovation und Marktführerschaft klar aus – sagen die Einen. „Wir machen das so wie immer; es ist ja noch immer gut gegangen“ sagen die Anderen und haben auch Recht – bisher zumindest. Daran wird deutlich, wie sehr die kollektive Kultur und die individuellen Ambitionen auch mal auseinander laufen können. Dies ist ein typisches Zeichen für tiefgreifenden Wandel, der auch Führungsriegen spalten kann.

Unternehmens-Entwicklung im Korridor

Ein Freund war umgezogen und brauchte nun einen Schrank nach Maß, der einen Raum unter einer Dachschräge optimal ausnutzen sollte. Mit einer Bleistiftskizze lief er in die nächste Schreinerei. Dort fand er drei Gesellen vor, die alle sehr erfahren aus- und dreinschauten, und wollte ihnen erklären, was er braucht. „Das brauchen's mit uns nicht zu bereden“, erhielt er zu Antwort, und als Erklärung sozusagen „weil, der Chef ist nicht da. Kommen's halt morgen wieder.“ Also zog er ab, und auf dem Heimweg kam er an einer anderen Schreinerei vorbei. „Dann probier' ich es halt da“, dachte er sich und betrat die Werkstatt. Vier Gesellen waren dort am arbeiten, und eine junge Frau, vermutlich noch in der Lehre, kam auf ihn zu und fragte ihn, was man denn für ihn tun könnte. Ob denn der Chef da wäre, wollte er zunächst wissen, als Lehre aus der ersten Erfahrung. „Nein, das nicht“, erhielt er zur Antwort, „aber was wir herstellen können und wie ein Muster ausschaut, das kann ich Ihnen auch zeigen, und wenn Sie wollen, können Sie auch die Hölzer anschauen, die wir da haben.“ „Und was kostet so was?“ fragte er, als sie eine Weile über seine Skizze gesprochen und das Musterbuch durchgeblättert hatten. „So zwischen achthundert und tausend, je nach Inneneinrichtung und Holz. Aber den genauen Preis, den erhalten Sie dann von unserem Chef, denn der rechnet das Angebot durch."

Wo der Schrank später gebaut wurde, ist klar. Und später sprach mein Freund den Inhaber drauf an, wie das kommt, dass eine junge Schreinerlehrlingsfrau so kompetent beraten könne. „Ja wir reden halt miteinander. Jede Woche gehen wir alle Aufträge durch, bereden worauf es dabei ankommt und was etwas in etwa kostet. So bekommen alle mit, was wir alles können, und können Auskunft geben, wenn jemand hereinkommt und nach einem Möbelstück fragt. Anders geht es ja gar nicht. Sonst käme ich ja nie aus der Werkstatt raus!"

Zeitgemäße Führung, ob nun in der Linie oder im Projekt, hat also mehr mit Kommunikation und der Steuerung von Entscheidungsprozessen zu tun, als mit Fachexpertise. Denn dafür gibt es Mitarbeitende, wenn man denn gut gewählt hat. Wer führen will, muss den Bleistift hinlegen, den Schraubenzieher aus der Hand geben und sich Zeit für Führung nehmen.

Dabei ist es einerseits schlicht zeitgemäß, mit gut ausgebildeten und meist auch gut motivierten Mitarbeitenden sehr dialogorientiert umzugehen. Keiner, der gut in seinem Job ist, muss sich autoritäres Verhalten gefallen lassen. Führung ist eine Rolle, eine „Funktion", und keine Verlängerung der Papa-Rolle ins Berufsleben. Zum anderen gibt es eben diesen Zusammenhang zwischen Führungskultur und Performance, also der Leitungsfähigkeit eines Projektes wie eines Unternehmens. Und wenn der Wettbewerb die Latte höher legt, dann muss man mithalten können. Aber das geht nicht per Befehl und Gehorsam.

Wenn die Absicht von Veränderungsprozessen ist, die Leistungsfähigkeit der Organisation zu erhöhen, stößt das irgendwann an eine Grenze, die durch die Kultur definiert wird. Unternehmenskultur hat dabei verdeutlicht, nichts mit „höflich" oder „kultiviert" zu tun, sondern mit bestimmten Systemregeln und daraus resultierenden Fähigkeiten.

Solche Kultur-Fähigkeiten beinhalten Bereitschaft und Können, z.B.:

- **Offenheit und Neugier:** Mit Verschiedenheiten an Rolle, Geschlecht, Herkunft, Religion, Alter, Hautfarbe, u.v.a.m. sicher klar kommen, unerwartetem Verhalten anderer Menschen neugierig und respektvoll begegnen können, neuartigen Situationen gelassen und interessiert entgegentreten
- **Kommunikationsstärke:** So wirkungsvoll kommunizieren, dass klare Vereinbarungen entstehen, die zuverlässig halten
- **Konfliktstärke:** Mit Konflikten und Meinungsverschiedenheiten produktiv umgehen können, Werte und Positionen in fruchtbare Auseinandersetzung bringen können
- **Rollenklarheit:** Mit Hierarchie und Machtgefügen weder unterwürfig noch pubertär, sondern angemessen umgehen können
- und andere mehr...

Inwieweit diese Fähigkeiten zur Verfügung stehen, definiert die Grenze für die Erhöhung von Leistungsfähigkeit. Niedrige Kulturfähigkeiten bedeuten, dass z.B. Auseinandersetzungen durch Kampf oder Vermeidung geregelt werden, mittlere Kulturfähigkeiten setzen auf Verhandeln und weit entwickelte Kulturfähigkeiten generieren ein Vertrauensklima, in dem man in Ruhe und im Vollbesitz aller Kräfte und Ressourcen gemeinsam gute Lösungen entwickeln kann. Wenn bayrische, tschechische und italienische Mitarbeiter in einem Projekt kooperieren sollen und dies nicht von gegenseitigem Respekt getragen ist, werden sie die Hälfte ihrer Arbeitszeit damit verbringen, sich gegenseitig geringschätzig zu betrachten, sich über viel Unwesentliches auseinander zu setzen und sich das Leben schwer zu machen. Und das hat dann kaum mehr als eine mittelmäßige Leistungsfähigkeit zur Folge.

Wenn also die Leistungsfähigkeit Grenzen erreicht, müssen diejenigen Fähigkeiten weiterentwickelt werden, die eine gute Unternehmenskultur stiften. Das ist eine Führungsaufgabe. Und nur das erzeugt die Voraussetzungen dafür, dass für Steigerung der Produktivität Raum besteht.

Doch welche Fähigkeiten gehören zu einer produktiven Unternehmenskultur? Wir reden oft von den „Fünf K“:

- Klarheit der Rollen, speziell der Führung
- Kommunikations-Effizienz: es geschieht, was vereinbart wird
- Konfliktstärke und -Lösungskompetenz
- Kreativität und Innovation
- Kooperationsfähigkeit

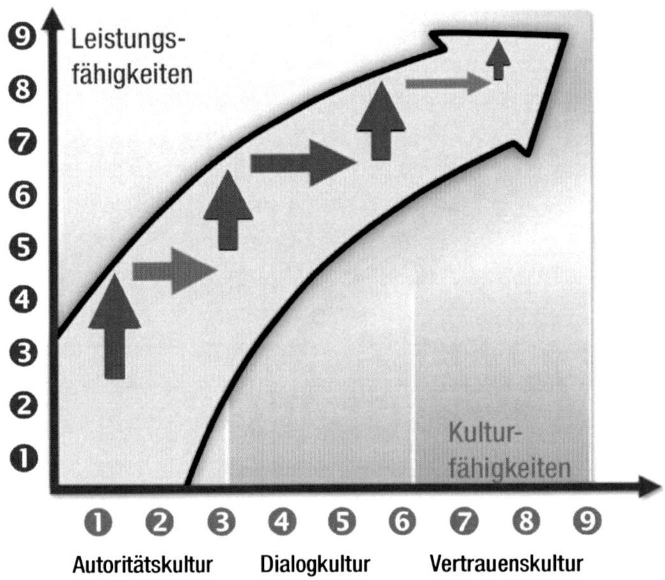

Abb. 14: Unternehmensentwicklung im Korridor

Je mehr diese fünf K nicht nur individuelle Fähigkeiten, sondern kollektive Kompetenz sind, desto höher wird die Leistungsstärke in Projekten und in der Linie steigen. Warum? Wenn man wenig davon hat, nennen wir das „Autoritäts-Kultur". So funktionieren viele kleine Unternehmen, aber auch noch manche Mittelständler, und manche nicht schlecht. Das Problem an dieser Kultur wird aber immer dann deutlich, wenn keine Probleme mehr gelöst werden können (und keine Schränke verkauft werden), wenn der Chef mal nicht da ist. Damit wird er oder sie zum Engpass, und das kostet Chancen, Geschäft und Kundenzufriedenheit.

Besser funktioniert Problemlösung, wenn Kommunikation, Konfliktbewältigung und Kooperation ordentlich entwickelt sind: Dann sprechen wir von „Dialogkultur". Dann berät man Entscheidungen gemeinschaftlich in Besprechungen, und es kommen brauchbare Resultate heraus. Ein Nebeneffekt: Wenn „starke Führung" also „Beteiligung auf hohem Qualitätsniveau" ermöglicht, dann stützt diese wiederum „starke Führung". Warum? Weil bessere Entscheidungen entstehen: Inhaltlich sowieso, aber vor allem in der Umsetzungsbereitschaft der Betroffenen. So können Führung und Gefolgschaft in ein erfolgreiches und höchst produktives Wechselspiel kommen, das alte „oben" gegen „unten" wird aufgelöst und in ein sinnvolles „miteinander mit verschiedenen Rollen" integriert. Dann gilt oft sogar: „Wann immer ein Problem auftaucht, wird es diskutiert und gelöst, auch wenn der Chef gerade nicht da ist – und die Situation wird auch nicht ausgenutzt. Dabei kann man, wie die Grafik veranschaulicht, in der Leistungsfähigkeit ziemlich weit nach oben kommen, wenn man über Dialogkultur verfügt.

Das rechte Drittel nennen wir „Vertrauenskultur", die man in Unternehmen oft nur in kleinen eingeschworenen Teams antreffen wird, denn sie setzt eine lange Zeit in fruchtbarer Dialog-Kultur voraus. Vertrauenskultur hat absolut nichts mit „blindem Vertrauen" zu tun, ganz im Gegenteil. Sie nährt sich vom wissenden Vertrauen, das entsteht, wenn man sehr lange miteinander arbeitet und sich sehr gut kennt und schätzt. Dann ist jeder Handgriff des Anderen klar, schon bevor er ihn ausführt, und das Schaffen wir leicht, effektiv und elegant. Dann entsteht, was die Motivationsforscher „Flow" nennen, wo Arbeit gar nicht mehr als Belastung und Pflicht erlebt wird, sondern als Vergnügen. Wenn Sie Spitzenorchester auf der Bühne erlebt haben, kennen Sie das. Und wenn Sie mal ein OP-Team brauchen, dann sind Sie sehr glücklich, wenn Sie eines finden, das die Autoritäts-Kultur klar überwunden hat. Die Forschung über Flugzeugunfälle (CRM = cockpit resource management) hat erwiesen,

Die Forschung über Flugzeugunfälle (CRM = cockpit resource management) hat erwiesen, dass etwa 70% aller Abstürze und Unfälle etwas mit schlechter Kommunikation oder mangelnder Teamarbeit zu tun hatten. „Oft hätte ein Absturz vermieden werden können, wenn der Pilot seine Entscheide klarer ausgesprochen und der Copilot beherzter die Autorität des Piloten in Frage gestellt hätte“.[7] Deshalb ist ein spezielles Kommunikationstraining für Flugbesatzungen seit einigen Jahren wiederkehrendes Pflichtprogramm aller Piloten weltweit. Und auch in Krankenhäusern wurde diese Methodik bereits für OP-Teams erfolgreich eingeführt, mit sensationellen Erfolgen bei der Reduzierung von Fehlbehandlungen und „OP-Unfällen“.

Je dienstleistungsorientierter also ein Unternehmen ist, je mehr es also auf den guten Willen und die guten Fähigkeiten der Menschen ankommt, umso relevanter sind die Kulturfähigkeiten für eine Verbesserung der Leistungsfähigkeit. Jede Investition in Kulturfähigkeiten wirkt sich auf die Leistung überproportional aus, je flacher der Korridor in der Zeichnung Abb. 14 ist. Bei technischen Produktionen ist das oft nicht so deutlich. Die Zündspulenproduktion ist nicht so anfällig dafür, ob die Arbeiter im Frieden oder im Zwist zusammenarbeiten. Da steigert der Zwist meist nur die Ausschussrate. Aber Geschäfte wie Restaurants oder Banken oder Versicherungen leben auch von einer guten Atmosphäre und davon, dass man merkt, wie (gut) es um die Unternehmenskultur bestellt ist.

[7] Benno Maggi, In Flight, Neue Züricher Zeitung, web: folio.nzz.ch/2009/august/flight

Unternehmenskultur weiterentwickeln

Kann Kultur denn einfach verändert werden? Nun: nicht leicht, nicht mechanisch und nicht mit der Brechstange. Aber man kann Regeln anpassen, Kompetenzen stärken, Fähigkeiten dazugewinnen und die „richtigen" Dinge belohnen. So können Führungskräfte ihre Unternehmenskultur zwar nicht technisch steuern, doch mächtig Einfluss nehmen können sie schon.

Verhalten ist kontextgesteuert

Das ist die gute Nachricht zur Entwicklung der Unternehmenskultur: Man kann einen Rahmen so setzen und gestalten, dass erwünschtes Verhalten wahrscheinlicher gezeigt wird als unerwünschtes. Das stimmt deshalb, weil wir im individuellen Verhaltensrepertoire viel breiter sind, als das im Unternehmenskontext „abgefragt" wird. Wir können vieles etwa im privaten Bereich, was geschäftlich als wenig relevant angesehen wird, z.B. musizieren oder Schach spielen. Doch wer in Japan zum Karaoke eingeladen wird, punktet sehr mit musikalischem Talent.

Und andersherum sind Menschen durchaus in der Lage, sich Verhalten anzueignen, das in einem bestimmten Kontext nützlich und sinnvoll ist. Wie schnell können Sie die wichtigsten Phrasen in einer Fremdsprache, kaum dass Sie eine Grenze überschritten haben? Doch Lernen folgt auch Gesetzmäßigkeiten: Zum einen sind Tempo und Intensität wichtige Faktoren, wie Lernen gelingt, und andererseits spielt die Kongruenz von Verhalten, Gewohnheiten und Regeln eine wichtige Rolle. Davon handelt der nächste Abschnitt.

Die Zwiebel: Vier Ebenen der Veränderung

Im Callcenter herrschte dicke Luft. Nach dem Hagelunwetter vom vergangenen Wochenende glühten die Leitungen, die Mann- bzw. Frauschaft war wegen Ferienzeit unterbesetzt. Und dann kam nun schon die dritte Beschwerde über „unfreundliches Verhalten der Dame am Telefon" per Fax an den Abteilungsleiter herein. „Was kann daran so verdammt schwer sein, ohne Vorwürfe und Unterstellungen einfach nur das Ausmaß des Schadens zu klären und dann die Bearbeitungsschritte einzuleiten?" schimpfte er lautstark. „Da sitzen schließlich unsere erfahrensten Schadenspezialisten!". „Ja, genau!" dachte sich Frau M., die das mithörte, und sie sagte zu sich: „Der hat ja keine Ahnung, wie viele Scharlatane uns bei jedem kleinen Hagel den Lack sanieren lassen wollen, und jeder kennt heute ´ne Autowerkstatt, die einem alles bestätigt, was man haben möchte. ABER - NICHT - MIT - MIR!"

Das Telefontraining, das der Abteilungsleiter in der Woche darauf bei uns ordern wollte, haben wir nicht angeboten. Denn in zwei Interviews mit Betroffenen war sofort klar, dass die „erfahrenen Schadenspezialisten" im Callcenter schlicht am falschen Platz saßen. Denn wer in zwanzig Jahren Schadenbearbeitung in der Tat Dutzenden von Betrugsversuchen nachgehen musste, kann gar nicht mehr verhindern, sich Regulierungsanfragen mit dem ganz spitzen Stift vorzunehmen. Wo Gewohnheit und Überzeugung im Wege stehen, dort ist Verhalten an der Oberfläche nicht beeinflussbar. Da wäre jede Qualifizierung vergebene Mühe gewesen. Dieses Problem musste organisatorisch gelöst werden, um die Beschwerdequote nachhaltig herunter zu bringen. So ist die erstbeste Lösung oft nicht die Beste, und man muss oft tiefer schürfen, um Gründe und Stellhebel für nachhaltige Veränderungen zu finden.

Dazu verwenden wir ein Schichtenmodell, das Kultur wie eine Zwiebel beschreibt, mit äußeren und inneren Schichten. Veränderungsarbeit berührt dabei immer unterschiedlich tiefe Schichten, je nach der Art der Auslöser und je nach Art der Ziele. Denn neben so oberflächlichen Veränderungen wie dem Wechsel des Logos kann ein Kundenthema eines Unternehmens auch tiefgreifende Veränderungen von Servicekultur mit intensiven Auswirkungen auf das Verhalten aller Beteiligten auslösen. Das wiederum beeinflusst, wie der Veränderungsprozess gestaltet werden muss. Denn je weiter innen eine Schicht ist, um so *intimer* ist der Bereich im Unternehmen und um so erfolgreicher entzieht er sich dem unmittelbarem Zugriff von Veränderungsabsichten.

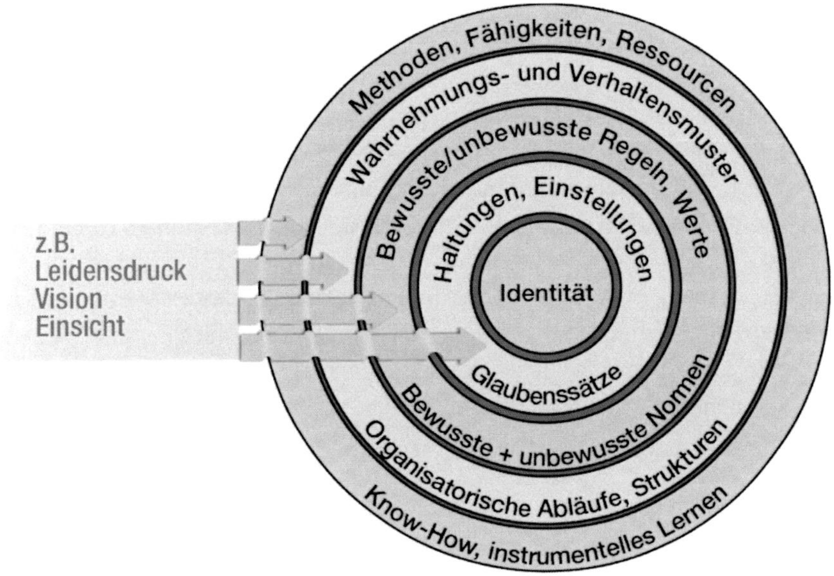

Abb. 15: Ebenen der Veränderung

Die äußerste Schicht beschreiben wir als die der Methoden, Fähigkeiten und mentalen Ressourcen. Hier geht es um Know-how und instrumentelles Lernen, um das Wissen und die Erfahrung mit seiner Anwendung. Diese Ebene ist für Veränderungen im Unternehmen am leichtesten zugänglich.

In der zweiten Schicht geht es um Verhaltens- und Wahrnehmungsmuster der Menschen und um die organisatorischen Abläufe in den Unternehmen. Noch eine Schicht weiter innen sind Regeln, Werte und Normen, die das Unternehmen prägen, und darunter liegen die Haltungen und Einstellungen, die in einer Organisation wirken. Das ist die tiefste Schicht, die man mit geplanten Veränderungen einigermaßen gut erreichen kann.

Die Identität als innerster Kern einer Organisation steht für Veränderungen, die aus freien Stücken gewählt werden, nicht so leicht zur Disposition: Dass bei Mergern oder Fusionen zwei Identitäten sozusagen zu einer wunderbaren großen starken neuen verschmelzen mögen, ist meistens Wunschdenken. Und manchmal – mit viel Glück oder Gnade – gelingt das ja auch, etwa bei Fusionen, von denen beide richtig profitieren. Doch in der Regel muss das übernommene Unternehmen seine Identität – und damit auch seine Kultur – aufgeben, damit die Beschäftigten in der neuen Organisation Platz finden können. Das wird dann manchmal so tragisch erlebt, wie wenn Kinder die Eltern verlieren und zu Onkel und Tante oder ins Heim müssen. Auch solche Wandlungen können überstanden werden und zu neuen Zugehörigkeiten führen. Doch das dauert. Häufiger führt das Dilemma, dass zwei verschiedenartige Kulturen ihren Fortbestand verteidigen zu Paralleluniversen, in denen jede Seite die Gültigkeit ihrer Regeln durchzusetzen versucht und die Anderen bekämpft. Dass dies der gemeinsamen Produktivität nicht recht zuträglich ist, liegt auf der Hand.

Doch auch mit weniger Dramatik sind die „Ebenen der Veränderung" für Veränderungsprojekte ein wichtiges Modell zum Verständnis dessen, was funktioniert und was nicht. Manchmal führen Kundenbeschwerden wie in unserem Beispiel oben dazu, dass eine Organisation ein ‚customer-care-Projekt' aufsetzt. Die Fähigkeit, etwa am Telefon freundlich und kompetent auf Reklamationen einzugehen, kann man normalerweise in wenigen Trainingstagen erwerben. Kontakt herstellen, Fragetechniken, Einverständnis einholen sind lehr- und lernbare Methoden im Telefontraining. Das wäre Veränderung auf der äußersten Ebene.

Wenn Kunden aber in einer Organisation als Störenfriede wahrgenommen werden und die Organisation nicht auf Kundenorientierung hin organisiert ist, sondern darauf, dass der Chef zufrieden sein muss: Dann wird das im Training Gelernte nicht wirksam werden. Dann fallen Äußerungen wie zum Beispiel: „Keine Ahnung, da muss ich erst mal den Kollegen fragen, aber der ist heute nicht da. Vielleicht rufen Sie noch mal an...!"

Unterstützen würde dagegen ein Verhaltensmuster, das bei jedem Kundenkontakt die Aufmerksamkeit erhöht und Wertschätzung vermittelt. Hier würde der Kunde auch als willkommen wahrgenommen werden. Und Reklamationen würden als Hinweise verstanden werden, wie man seinen Qualitätsabstand zum Wettbewerb verbessern könnte. Die Regeln zur Kundenorientierung könnten im unguten Fall lauten: „Lass Dich bloß nicht von den Kunden über den Tisch ziehen!", untermauert von einem Glaubenssatz (einer Einstellung) wie „Wenn´s um´s Geld geht, betrügen Dich alle!" oder „Die sind immer selber schuld, wenn es nicht funktioniert. Und jetzt schieben sie es auf uns!"

Tausend Trainingstage kommen nicht gegen solche Haltungen an. Was dagegen hilft, ist daran zu arbeiten, dass begrenzende Muster, Regeln und Einstellungen bewusst werden und dann verändert werden können. Oft stammen pessimistische Regeln und Haltungen aus Zeiten, als die Menschen schwierige Erfahrungen machen mussten. Muster, Regeln und Einstellungen sind wie kristallisierte Erfahrung und die Not, die sie lösen sollten, ist vergessen worden. Die Arbeit daran kann aber deutlich machen, dass die Not vorbei und die Not-Lösung nicht mehr nützlich ist. Muster kann man umlernen, Regeln kann man erweitern und auch Einstellungen und Glaubenssätze können sich durch neue Erfahrung verändern.

Veränderungen wirken immer mehr oder weniger auf alle Ebenen ein. Dies ist unabhängig davon, welche Schichten ein Veränderungsprozess erreichen muss, damit Veränderung nachhaltig wirkt und wo welche Bereitschaft besteht, Änderungen durchzuführen. Je tiefer sie aber reichen, um so intensivere Beharrenskräfte werden aktiviert. In den Regeln und in den Glaubenssystemen stecken auch die Überlebenskräfte, die sozialen Alarmanlagen und Notfallprogramme einer Organisation. Und solange ihre Vertreter nicht wirklich glaubhaft bessere Alternativen zur Verfügung haben, werden sie nicht loslassen. „Never touch a running system".

Kultur diagnostizieren und verändern mit dem Kulturprofil-Indikator®

Der Kulturprofil-Indikator® ist ein Modell und ein Tool, das wir in den letzten Jahren entwickelt und mittlerweile in vielen Unternehmen zur Weiterentwicklung der Unternehmenskultur eingesetzt haben. Es vermittelt ein grundlegendes Verständnis für Unternehmenskultur, für ihre unterschiedlichen Ausprägungen und ihre Folgen für Prozesse, Strukturen, Werte, Regeln, Führungsinstrumente, Überzeugungen und persönliches Führungsverhalten. Mit dem Kulturprofil-Indikator finden Führungskräfte eine Sprache, um Unternehmenskultur beschreiben und diskutieren zu können. Eine IST- und ZIEL-Einschätzung dient der Standortbestimmung und liefert Orientierung auf dem Weg in eine erwünschte Ziel-Kultur.

Wir verwenden dieses Tool bei Veränderungsprozessen als Diagnosewerkzeug. Einmal eingeführt, dient der Indikator später bei jeder konkreten Veränderungsidee zur Überprüfung, ob und wie die Veränderung einen Beitrag zur Ziel-Kultur leistet. Und wer unternehmensinterne Führungstrainings plant, erhält durch das Tool wertvolle Wegweiser zu den Kompetenzen, die aufgebaut bzw. gestärkt werden sollen und macht auch klar, was zukünftig „gar nicht mehr geht".

Der Kulturprofil-Indikator® macht verschiedene Kulturstile und ihre Geschichten respektvoll deutlich und gibt den Betroffenen einen gemeinsamen Bezugsrahmen, um über die Unterschiede sprechen zu können. So wird möglich, über Neuausrichtungen in einer Weise zu diskutieren, in der das Alte oder das Andere nicht diskriminiert werden muss und dennoch weiterentwickelt werden darf. Die Arbeit mit dem Kulturprofil-Indikator lässt Führungskräfte herausfinden, wo überall und wie genau Kultur beeinflusst wird, an welchen Stellhebeln etwas verändert werden kann, um einer erwünschten Zielkultur näher zu kommen und kleine Schritte in die richtige Richtung zu wagen. Dabei stehen nicht nur die soft facts im Fokus, sondern alles, was Kultur prägt, also alle organisierten Strukturen und Instrumente, die den Rahmen unternehmerischer Zusammenarbeit bilden.

Man kann Unternehmenskulturen gut in zwei Dimensionen beschreiben, die voneinander unabhängig sind: Die eine Dimension ist der Formalisierungsgrad der Aufgaben, also ob ein Unternehmen eher standardisiert oder eher individualisiert arbeitet. Individualisiert arbeitet beispielsweise der Italiener um die Ecke, der einen kennt, wenn man zum dritten Mal kommt, der noch weiß, was man gegessen und welchen Wein man getrunken hat und der einem die persönliche Lieblingspasta macht, auch wenn sie nicht auf der Karte steht.

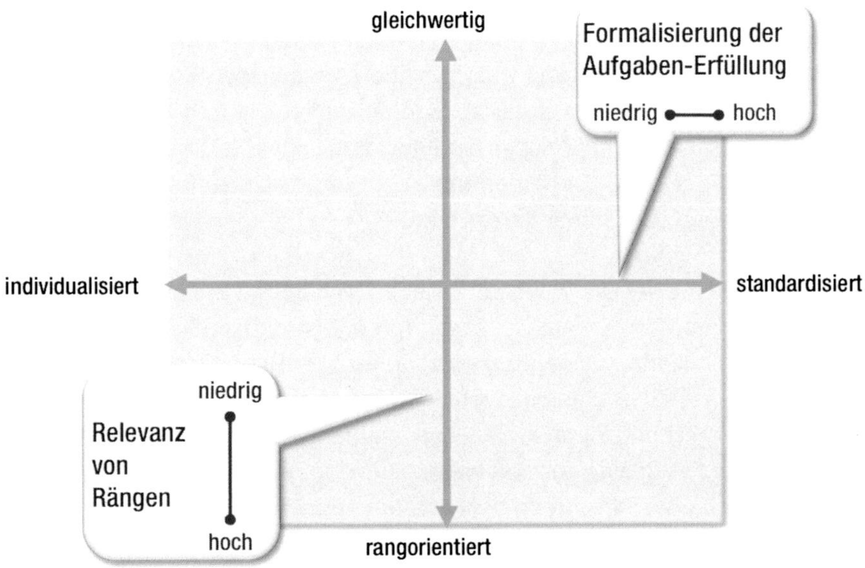

Abb.16: Achsen des Kulturprofil-Indikators

Hoch standardisiert arbeiten dagegen die Food-Ketten, wo jeder Arbeitsschritt exakt definiert ist und es keine Rolle spielt, wer ihn ausführt. Wichtig ist bei dieser Unterscheidung, dass keine Ausrichtung per se besser als die andere ist: Für beide Modelle gibt es in den meisten Branchen Unternehmen, die erfolgreich bestehen.

Die zweite Dimension ist die Relevanz von Rängen, wie bedeutungsvoll also Unterschiede in Rang und Status gelebt werden. Gleichwertig sind häufig Unternehmen in der Gründungsphase organisiert: Die „Jungs in der Garage", die StartUps, die mit Freunden und Kollegen ihr Geschäft aufstellen, ergänzen sich oft als Team, und die Gleichwertigkeit der Beiträge und Ideen – egal von wem sie kommen – sind ein wichtiges Gut, ebenso die Gleichberechtigung der Personen. Führung ist in diesen Unternehmen noch wenig ausgeprägt. Jeder bestimmt selbst, was er wann, wie und warum macht. Am anderen Ende der Skala stehen die stark hierarchisch organisierten Unternehmen, in denen die Rangreihe eine entscheidende Rolle spielt. Das klassische Beispiel hierfür ist traditionelles Militär, das sein Personal nach Dienstgraden sortiert, oder Behörden mit bis zu einem Dutzend Laufbahnstufen und einer genauen Zuweisung von Kompetenzen dazu.

Aus der Kombination der zwei Dimensionen ergeben sich in den Ecken die vier Kulturstile, wobei jedes Unternehmen von jedem Stil etwas hat (meist auf die Bereiche verteilt), aber unterschiedlich stark. So kann aus der Kombination der vier Stile dann das Unternehmenskulturprofil beschrieben werden, das aussagt, wie viel von jedem Stil in der Unternehmenskultur spürbar ist. Die meisten Unternehmen sind in einem oder zwei Stilen deutlich stärker als in den anderen, was vielfältige Gründe haben kann. Jedes Profil hat dann aber Stärken und Grenzen, die spürbar werden, wenn sich z.B. Anforderungen von außen verändern.

Die vier Stile des Kulturprofil-Indikators

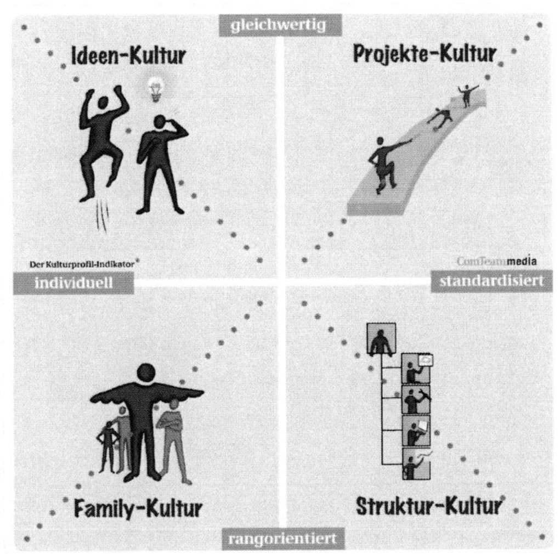

Abb.17: Kulturstile im Kulturprofil-Indikator

„Innovation ist alles!“ – lautet das Motto des Kulturstils im linken oberen Quadranten. Die Kombination aus gleichwertig/hierarchiearm und personenorientiert/individualisiert nennen wir Ideen-Kultur. Unternehmen, die davon viel haben, sind häufig jung an Geschichte und Alter der handelnden Personen. Ideen zählen, alles Neue ist willkommen, Kreativität und Spontaneität werden hochgehalten, alles „Normale“ wird als langweilig und gestrig abgetan. Marketingagenturen, Filmstudios, manche Software-Startups sind in diesem Kulturstil zu Hause. Der Reiz in diesen Unternehmungen ist, dass es nie langweilig wird. Das Risiko ist, dass durch den Mangel an definierten Prozessen und Produktionsweisen der wirtschaftliche Erfolg leicht auf der Kippe steht.

„Ergebnisse zählen!“ – heißt das Motto im rechten oberen Quadranten. Dieser beschreibt die Projektekultur. Das typische Unternehmensbeispiel für diesen Stil ist die NASA: 200 Experten auf Professoren-Niveau müssen effektiv kommunizieren und kooperieren, damit ein Mondflug klappt, und der Leiter der NASA ist fachlich nirgendwo kompetenter als irgendeiner seiner Mitarbeiter. So funktionieren auch Architekturbüros, Unternehmensberatungen, manche Anwaltskanzleien.

Wichtig in der Projektekultur ist neben der Kollegialität untereinander die starke Aufgabenorientierung: Ein Auftrag ist eine Mission, wird exakt geplant und umgesetzt. Prozesse sind genau beschrieben, doch Rollen sind variabel. Wenn einer ausfällt, springt selbstverständlich ein Kollege ein. Führen heißt hier im Wesentlichen: Moderieren und Koordinieren. Die Chance dieses Kulturstils liegt in den umgesetzten Lösungen, wobei in der geringeren Achtung des Persönlichen die Gefahr steckt, dass diejenigen, auf die eine „Mission" zielt, sich überrumpelt fühlen und Widerstand aufbauen, der dann wiederum den Aktionismus der Handelnden weiter verstärken kann.

„Gemeinsam sind wir stark!" – lautet das Motto der Familykultur im linken unteren Quadranten. Viele Unternehmen wurzeln in Familienbetrieben, in denen Gründerfiguren in persönlicher Verantwortung standen oder stehen und sich um die Menschen, die für sie arbeiten, mit hoher Loyalität kümmern. Die Familykultur lebt von Beziehungen, von Zugehörigkeit, von Vertrauen und Zutrauen. Harmonie ist ein wichtiger Wert, und manchmal leidet das „Bessere", für das man sich streiten müsste, unter dem „kleinsten gemeinsamen Nenner". Familykulturen spielen ihre Stärke in Märkten aus, in denen es auf Maßarbeit, auf Kundenorientierung und Service ankommt. Ihr Kapital sind die Beziehungen zu ihren Stammkunden, die für den besonderen Service den höheren Preis in Kauf nehmen. Schwierigkeiten bekommen Familykulturen immer dann, wenn vergleichbare Produkte aus Massenfertigung zum halben Preis auftauchen.

„Alles im Griff" – ist das Motto der Strukturkultur im rechten unteren Quadranten des Kulturprofilmodells. Taylor und Ford sind die Urväter der Idee, durch Automatisierung und Fließbandorganisation der Arbeit die Effizienz des Produktionsprozesses zu erhöhen. Hier kombinieren sich nun strenge Aufgabenorientierung und klare Hierarchie zu einem Kulturstil, der schnell und günstig große Stückzahlen herstellen kann. Das Risiko der Strukturkultur liegt in ihrer Tendenz zur Bürokratie und Technokratie. Die Menschen sind eher Teil der Maschinerie als die Maschinen Werkzeuge der Menschen. Dafür ist das Risiko gering, Abweichungen gelten als Fehler und werden möglichst sofort beseitigt, Kontrolle ist das wichtigste Steuerungselement dieses Kulturstils. Typische Vertreter für diesen Stil sind große Produktionsunternehmen und Behörden, innerhalb einer jeden Organisation aber wird ein Controllingbereich Elemente der Strukturkultur brauchen, um seine regulatorischen Aufgaben zu erfüllen.

Ideenkultur:
Innovation ist alles!

- typisch für Start-ups
- individuell, wenig rang-differenziert: alle relativ gleichwertig
- ideengetrieben: jede Idee zählt, jederzeit und statusunabhängig
- Prozesse / Aufgaben noch wenig definiert
- Output: Kreative, neue Ergebnisse
- Risiko: kaum Produktivität, „genial & arm“

Projektekultur:
Ergebnisse zählen!

- wie die NASA: viele Experten, die ohne inhaltliche Direktive erfolgreich kooperieren müssen
- typischerweise multidisziplinär
- klar defnierte Prozesse, variable Rollen
- Führung: viel moderieren / koordinieren
- Output: umgesetze Lösungen
- Risiko: Aktionismus, der Betroffene übergeht

Familykultur:
Gemeinsam stark!

- viele Firmen wurzeln in Familienbetrieben
- Beziehungen sind wichtig, Zugehörigkeit ist Kernelement
- kaum Formalisierung, alles nach Maß
- hohe Sozialkompetenz
- Hierarchie zählt: Seniorität, Tradition, Kontinuität
- Output: integrierte Lösungen nach Maß
- Risiko: zu aufwendig, zu teuer, zu langsam

Strukturkultur:
Alles im Griff!

- Taylor und Ford: Automatisierung der Arbeitsprozesse
- viel Struktur, stabil, detailliert, fehlerfrei, alles geregelt, routiniert, sicher, zuverlässig
- genaue Aufgabenbeschreibung und Rollendefinition („Dienstgrade“)
- Output: kostengünstige Produktion großer Mengen
- Risiko: technokratisch, bürokratisch

Abb. 18: Kulturstile im Detail

Mit diesem Verständnis der vier Stile kann man nun anschauen, wie es im eigenen Unternehmen oder Bereich oder Projekt aussieht. Dazu dienen diese beiden Fragen:

a. Wie viel von jedem Stil ist gegenwärtig im Unternehmen, im Bereich erlebbar? Und woran genau kann man das festmachen?

b. Angenommen, Ihr Bereich oder Unternehmen wäre in fünf Jahren noch viel vitaler, wettbewerbsfähiger, attraktiver, ... als heute: Wie sind die Stile dann idealerweise verteilt? Wovon hat es weniger, wovon mehr als heute?

Die Ausprägung jedes Kulturstils kann man intuitiv auf einer Skala von 0 – 5 einschätzen und dann auf einem Flipchart im Format der Abb. 19 in einer Farbe das IST- und in einer anderen Farbe das ZIEL-Profil eintragen. Bei der zweiten Frage mit dem ZIEL-Profil kommt es darauf an, sich klar zu machen, **warum** (auf Grund welcher Annahmen) sich etwas verändern soll und **wozu** (mit welchen Hoffnungen auf welche Ergebnisse).

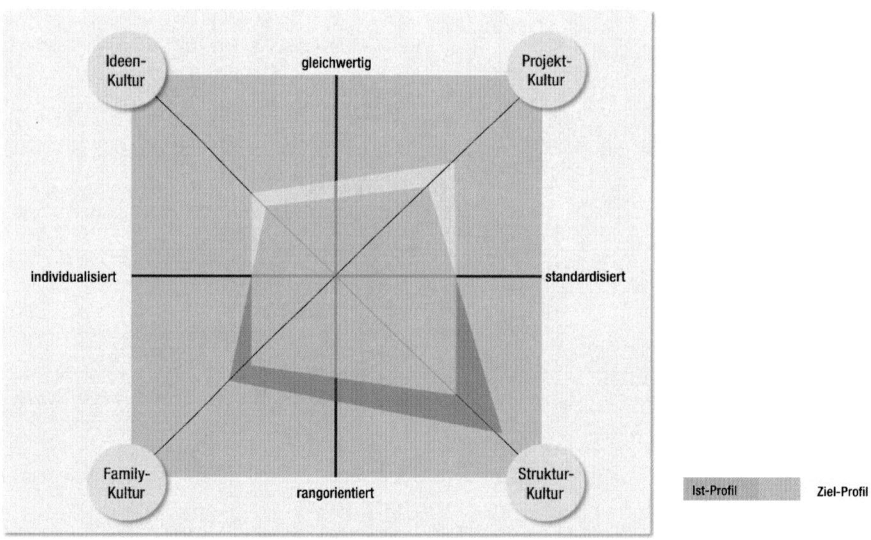

Abb. 19: Kulturprofil-Indikator Zeichenvorlage

Weiterentwicklung der Unternehmenskultur

Auch wenn die Flächen von IST- und ZIEL-Kulturprofil sich deutlich unterscheiden sollten, gibt es immer einen „grünen Bereich", wo IST und ZIEL identisch sind. Das ist die gute Nachricht dieser Methode: Es geht nicht darum, das Vergangene bzw. Gegenwärtige zu diskriminieren und das Neue, Zukünftige in den Himmel zu loben. Sondern: Es gibt in jedem Stil Elemente, die gut waren und auch in Zukunft gebraucht werden. Darüber hinaus gibt es ein paar Dinge, die neu entwickelt werden müssen, und es gibt ein paar Dinge, von denen man sich besser verabschiedet, um der ZIEL-Kultur Raum und Chance zu geben. Dieses Modell von Change ist sehr entspannend und versöhnlich, weil es dem Bewahren und dem Verändern gleichzeitig Raum gibt.

Nun geht es darum, möglichst viel davon zu identifizieren, was auf dem Weg von der IST- zur ZIEL-Kultur eine Rolle spielt. Die Leitfrage dazu lautet: „Was müssen Sie – als verantwortliche Führungskräfte in Ihren Bereichen – klären, vereinbaren, erneuern, vorwärts bringen ..., damit die Zielkultur gestärkt wird?" Denken Sie dabei sowohl an Hardfacts als auch an Softfacts. Denn jede Veränderung berührt beide Seiten. Auf der Hardfacts-Seite geht es um die Fakten der Organisation: Strukturen, Prozesse, Systeme, Verfahren und Normen.

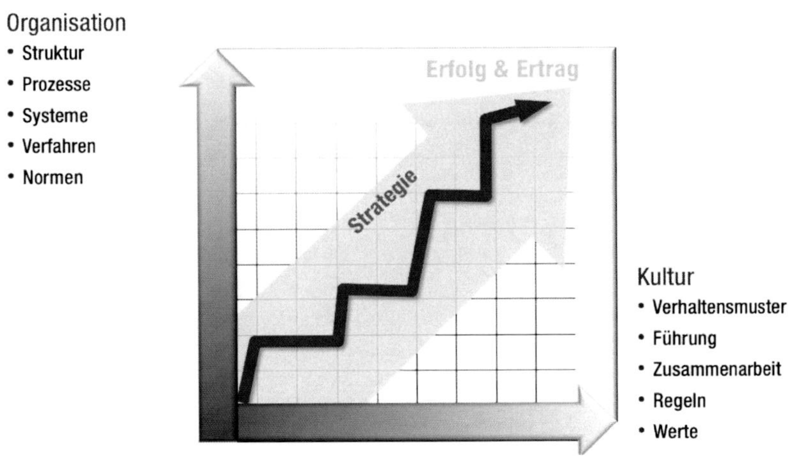

Abb. 20: Entwicklungsdimensionen

Und auf der anderen Seite stehen das konkrete Verhalten, die Regeln zu Führung und Zusammenarbeit, die Werte. Wenn zum Beispiel ein Firmen-Wiki zum besseren Wissensmanagement eingeführt werden soll und die Kultur keine offene und vertrauensvolle Zusammenarbeit kennt, dann wird das nichts. (Viele Unternehmen haben das schon probiert). Und wenn Meetings moderiert werden sollen und die Räume keinen Platz für Pinnwände haben, dann kann man's vergessen! Oder man sorgt dafür, dass die notwendigen Bedingungen auf beiden Seiten geschaffen werden.

Auch Führungsleitlinien wären nur „Light"-Linien, wenn sie nicht durch strukturelle und kulturelle Maßnahmen stabilisiert werden und abweichendes Verhalten auch strukturell sanktioniert wird. Ein Beispiel: Wenn der Erfolg einer Kampagne von erfolgreicher internationaler Zusammenarbeit abhängt und individuelle (Länder-) Interessen in den Hintergrund treten müssen, dann muss sich das in den persönlichen Zielvereinbarungen und im Belohnungssystem der handelnden Führungskräfte wiederfinden. Sonst bleibt Kooperation ein frommer Wunsch, der sofort scheitert, wenn individuelle Umsatzziele gefährdet scheinen.

So sammelt man nun also für jeden Quadranten alle Ideen und Punkte ein, die auf die erwünschte Zielrichtung Einfluss haben können und schreibt sie auf. Das liefert die „Anpackthemen" zum Strukturieren, Prioritäten ableiten, Maßnahmen und Verantwortlichkeiten festlegen und erste konkrete Schritte vereinbaren.

Das führt uns zum abschließenden Schritt unserer kleinen Kulturreise mit der folgenden Frage. *„Um der Zielkultur näher zu kommen: Was müssen Führungskräfte mehr / verstärkt / eindeutiger tun und was müssen sie in Zukunft bleiben lassen / weniger tun / beenden?"* Daraus kann nun ein „Initial Statement" werden, wenn man die kulturellen Aspekte eines Veränderungsprojektes zum Thema machen muss, weil es sonst wohl keine Erfolgsstory werden würde.

Zum Hintergrund

Der Kulturprofil-Indikator® ist inspiriert von Diagnosemethoden von Kim S. Cameron und Robert E. Quinn (competing values framework) und von den Arbeiten Trompenaars' (Business across cultures, 2003). Es korrespondiert mehr oder weniger mit verschiedenen Persönlichkeits- und Unternehmensprofil-Strukturen, z.B. Blake/Mouton, dem Social-Style-Model (Robert und Dorothy Bolton) und anderen. Neben der beschriebenen Anwendung in Workshops oder im Coaching gibt es für größere Organisationen einen web-basierten Survey zur Diagnose von Ist- und Zielkultur, an dem zwischen 20 und 200 Führungskräfte teilnehmen können. Die Führungskräfte diskutieren dann in einer Großgruppenveranstaltung bereichsweise die Ergebnisse und leiten ab, an welchen kulturprägenden Themen weitergearbeitet werden soll, um die Zielkultur zu fördern[8].

Das leistet die Methodik

- Sie fördert, Strategie und Unternehmenskultur in Einklang zu bringen und eignet sich dazu, Führungsleitbilder zu klären, weiter zu entwickeln und alltagstauglich zu gestalten
- Sie hilft, Veränderungsprojekte zu Werkzeugen strategisch-kultureller Ziele zu machen, z.B. bei Fusion, Strategieentwicklung, Reorganisation; sie klärt die Zusammenarbeit zwischen Bereichen oder Teams und hilft, sie produktiv zu machen
- Man kann damit Kulturentwicklungsprojekte starten und herausfinden, welche Themen in den Fokus genommen werden müssen – besonders dann, wenn Verhalten (zu Kunden, Mitarbeitern, Kollegen) nicht mehr zeitgemäß ist und dies die Entwicklung des Unternehmens ausbremsen könnte
- Sie legt offen, wie Qualifizierungsprogramme an der erwünschten Unternehmenskultur auszurichten sind, damit die Lerninhalte zukunftsrelevante Fähigkeiten erzeugen (anstatt nur alte Probleme zu lösen)

[8] Seit Mai 2013 gibt es eine Toolbox mit einem Analysebrett, Analysekarten und allem Material zur Analyse und Diskussion der Ist- und Ziel-Kultur. Hier erfahren Sie mehr dazu: de.comteamgroup.com/kpiws.

Kapitel Fünf

"Die Vernünftigen existieren,
die Unvernünftigen leben!"
MICHEL PICCOLI

Klarheit schaffen

Das kennt jeder: Jan erhält den Auftrag, sich um ein Thema zu kümmern und legt los. Ihm fallen auch gleich ein paar Ideen ein, wie man das Thema lösen könnte, er recherchiert im Internet, schreibt das Ganze mal zusammen, geht zum Chef und kommt „schlauer“ wieder heraus. Denn beide mussten lernen, dass das Thema anders gemeint war, als Jan es verstanden hatte. Und auf dem Gang spricht ihn noch ein Kollege an, der gehört hat, dass er nun an diesem Thema dran ist; und dass er da mitreden will – schließlich betrifft es ja auch seinen Bereich...

Wenn Jan Ärger liebt, schaltet er jetzt auf stur, schließt sich ein und forscht still weiter. Wenn er dagegen Ergebnisse liebt, macht er sich einen Plan, der einbezieht ...

- ▶ dass Auftraggeber oft auch noch nicht genau wissen, wohin sie eigentlich wollen. „Wie soll ich wissen, was ich meine, bevor ich höre, was ich sage?“
- ▶ dass es Personen gibt, die an dem Thema auch ein Interesse haben (-> Stakeholder)
- ▶ dass die meisten Themen zu groß für einen alleine sind und man Verbündete und Mitarbeitende braucht und
- ▶ dass Klarheit über ungefähre Aufwände und Ressourcen dabei hilft, die Dimension der Veränderung in etwa zutreffend einzuschätzen.

Wer das als Entscheider versteht, verzichtet darauf, mal schnell auf dem Flur jemandem einen Projektauftrag zuzurufen.

Die Architektur von Veränderungsprojekten

Deshalb ist es klug, jedes Projekt nach drei grundlegenden Prozessen zu strukturieren: Einen Klärungs-, einen Initialisierungs- und den (eigentlichen) Veränderungsprozess – um letzteren geht es dann ab Kapitel sechs. Doch jetzt liegt der Fokus auf dem Beginn. Und soviel ist sicher: Alles, was Entscheider in den beiden ersten Prozessen „vergessen“ oder auslassen, holt sie im Veränderungsprozess wieder ein, aber mit „Ladung“.

Also ist der Rat, für eine Veränderungssituation erst mal mit ein paar KollegInnen zu sondieren, ob Anlass und Absicht tragen, ob die Chancen und Risiken klar auf dem Tisch liegen, welche Dimension das Vorhaben hat, welche Ressourcen es brauchen würde und vieles andere mehr. Dies nennen wir Klärungsprozess, und er dauert mal zwei Stunden, mal anderthalb Tage.

Abb. 21: Architektur von Veränderungsprozessen

Was passiert, wenn man das auslässt und stattdessen gleich mit dem Verändern loslegt? Es poppt immer wieder auf, was und wen man noch vergessen hat. Man löst Ärger und Irritation aus und muss ziemlich sicher zwei- bis dreimal von vorne anfangen. Denn meist haben die Kritiker ja Recht. Das ist teuer und frustrierend für alle Seiten.

Doch warum passiert das überhaupt, wenn doch sonnenklar ist, welchen Unfug es anrichtet? Erstens weil in vielen Unternehmen die Machtdistanz immer noch groß ist. Das heißt, dass „die Unteren" einfach machen, was man ihnen aufträgt, auch wenn sie es für Unsinn halten – man will es sich ja schließlich nicht mit den Chefs verscherzen, und sie werden schon wissen, was sie wollen. Zweitens sind Chefs und Entscheider in der Regel Alphatiere, die mit großer Ungeduld und starker Entschiedenheit gesegnet sind – unabhängig von detaillierter Sachkenntnis und der Fähigkeit, Konsequenzen von Veränderungen richtig einzuschätzen. Und oft ist die Komplexität noch gar nicht klar und verleitet zu Apellen frei nach dem Motto „Das kann doch nicht so schwer sein!".

Drittens: Geduld ist ja oft wirklich keine Stärke! Es gibt Unternehmer und Unterlasser, sagt man. Und jede Veränderung wurzelt darin, dass es jemanden gibt, der unzufrieden auf etwas schaut und etwas unternimmt. Er oder sie sagt sich: Das muss anders werden! Oder: Wie viel besser wäre es, wenn wir... ! Die erste Idee zur Veränderung bespricht man dann zunächst informell mit den KollegInnen, bringt sie in ein Meeting und Schwupps! wird ein Projekt daraus. Doch außer der kraftvollen Emotion, dass die Dinge nicht so bleiben sollen, ist noch nichts wirklich klar.

Deshalb braucht es ein gründliches Klärungsgespräch bei kleineren und einen Klärungsworkshop bei größeren Veränderungsvorhaben, und zwar mit den relevanten Entscheidern und der Person, die man als ProjektleiterIn im Auge hat. Nur das sorgt für eine klare Beauftragung und für einen verantwortungsvollen Umgang mit Ressourcen. Darauf zu verzichten führt *immer* zu großer Verschwendung.

Blickwinkel im Klärungsprozess

"Das Wichtigste in einem Gespräch ist
zu hören, was nicht gesagt wurde."
PETER F. DRUCKER

Projekte beginnen leicht mit der Verliebtheit in die erstbeste Lösung. Und je mächtiger bzw. ranghöher der oder die Verliebte ist, umso größer ist das Problem. Trotzdem – oder genau deswegen – benötigt ein Projekt eine ordentliche Auftragsklärung. Denn sonst haben weder Entscheider noch Projektarbeiter noch Berater eine vernünftige Arbeitsbasis, also eine, die der kritischen Vernunft standhält. Die folgenden Abschnitte beschreiben zunächst ein paar nützliche Blickwinkel, die der Vorüberlegung dienen. Dann besprechen wir die Tools der Auftragsklärung, zusammen mit den Hinweisen, wie sie eingesetzt werden.

Man sieht, was man sehen will

Für alle Klärungen, die etwas umfangreicher sind, spielen die Fragen, die man stellt, die entscheidende Rolle. Fragen werden immer unter bestimmten Blickwinkeln, Annahmen oder Vorlieben formuliert. Und selten sind einem selbst die Vorannahmen der Fragen bewusst, deren Autor man ist.

„Wie kriegen wir dieses Konzept durch den Betriebsrat?" impliziert eine Menge an Vorannahmen: Es gibt ein *wir* und *die anderen*, man rechnet mit Widerstand und muss sich wappnen, das zu Verhandelnde muss ein (möglichst fertiges?) Konzept sein. „Auf welche Weise binden wir den Betriebsrat in dieses Vorhaben ein?" enthält andere Vorannahmen über die Möglichkeiten der Kooperation. Wenn es gelingt, dass man sich in der Auftragsklärung die Unterschiede der persönlichen Vorannahmen gegenseitig transparent machen kann und seine jeweiligen Blickwinkel ergänzen lässt, verbessern sich die Chancen für einen guten Start enorm.

Das Symptom ist nicht das Problem

Beim Auto ist das klar: Wenn die Warnlampe im Armaturenbrett aufleuchtet, wird jeder zuerst im Motorraum nach der Ursache suchen, und nicht im Armaturenbrett. Bei Problemsituationen ist dagegen oft nicht so klar, was die Beschreibung eines Zustands als Missstand denn bedeutet. Ob etwas, was beschrieben wird als *„viel zu lange Bearbeitungszeiten bei den Anwendungsprogrammierern"*, etwas mit deren vergleichsweiser Langsamkeit zu tun hat oder mit unangebrachter Ungeduld, das braucht meist den zweiten Blick.

Wenn man an Lösungen denkt, liegt nahe, die Bearbeitungszeiten eben zu verkürzen. Takt erhöhen, mehr Leute einsetzen, Routinen vereinfachen. Aber die Frage, welche Funktion das Symptom für ein System hat, lautete in unserem Fall: „Was wäre denn gut daran, wenn man die Bearbeitungszeiten noch *mehr verlängern* könnte?". Dies brachte überraschende Antworten zu Tage: Durch undurchsichtige Signale aus der Konzernspitze war Unklarheit darüber entstanden, ob eine technologische Fusion verschiedener Datenverarbeitungswelten zu erwarten sei. In diesem Fall kämen mehrere Rechner- und Betriebssystemausstattungen zusammen, die untereinander nicht kompatibel sind. Das legte nahe, dass Programme, die für eine bestimmte Rechnerumgebung entwickelt wurden, auf einer anderen in der Regel nicht funktionieren würden. Und das bedeutete, dass die Verlierer im Wettbewerb der Einigung auf ein gemeinsames System eine Menge Arbeit vor sich hätten. Alle ihre Anwendungsprogramme müssten dann verändert und auf einem neuen System lauffähig gemacht werden (das heute aber noch keiner kennt). Das macht Einigungsprozesse dieser Art ziemlich schwierig.

Die Mitarbeiter in diesem Unternehmen machten sich nun einerseits Sorgen um ihren Arbeitsplatz an ihrem bisherigen Standort, was ihren Arbeitseifer nicht unbedingt beschleunigte. Andererseits aber gingen sie davon aus, dass sie im Poker um das neue gemeinsame Betriebssystem nicht die besten Karten haben würden. Und dennoch waren sie sehr loyal und darum bemüht, die neuen Dinge so zu programmieren, dass ein möglicher Plattformwechsel im Rechnersystem ihre momentane Arbeit nicht zunichte machen würde. Zudem sollten ihre Auftraggeber aus den Fachbereichen auch schnell wieder arbeitsfähig sein, sollte denn ein Systemwechsel ins Haus stehen. Diese Art der systemoffenen Programmerstellung aber verlangte viel gründlicheres Nachdenken, als mal schnell 1000 Zeilen Code zu schreiben; und systemoffen zu programmieren war in diesem Unternehmen auch noch wenig vertraut.

Das erklärte die längeren Bearbeitungszeiträume und setzte sie in einen neuen Rahmen: Die Programmierer brauchten nicht länger, weil sie faul oder unfähig waren, sondern weil sie loyal und am Lernen waren. Die Lösungen lagen schließlich nicht auf der arbeitstechnischen Ebene, sondern darin, die Strategien der Datenverarbeitung zügig zu klären und die Entscheidung zu treffen, ob denn nun technisch fusioniert werden soll oder nicht.

Neue Blickwinkel ermöglichen neue Lösungen

Der neue Blickwinkel machte den Weg für neue Lösungen frei. Zunächst war die Frage: "Wie können wir unser Betriebs-Knowhow heute schon möglichst zukunftssicher umsetzen?" Denn wenn Fusion heißt, dass IT-Programme an neue Betriebssysteme angepasst werden müssen, ist es wirtschaftlich, wenn man sie so konstruiert, dass es möglichst wenig Aufwand macht, sie in eine neue Umgebung zu transferieren.

Nachdem man sich nun nicht mehr gegenseitig daran hinderte, kreative Sichtweisen einzunehmen, nahm das Denken die wirklich spannende Wendung. *„Wenn man schon lernen muss, systemoffen zu programmieren, könnte man Programme schaffen, die für alle Umgebungen kompiliert (d.h. lauffähig gemacht) werden könnten. Aber dann muss man gar nicht mehr technisch fusionieren, sondern schafft Anwendungen, die in jeder Rechnerumgebung jedes Konzernunternehmens gleich aussehen und gleich ablaufen, ..."*

Das war's. So war aus dem Vorhaben, den Anwendungsprogrammierern Beine zu machen und das Trödeln auszutreiben ein Projekt erster Klasse geworden: „Verwandeln Sie unsere bisherigen Kernanwendungen in systemoffene Module, die für alle wichtigen und zukunftsträchtigen Umgebungen lauffähig gemacht werden können."

Darauf kam es bei der Auftragsklärung also an:

1. Man kann die Oberflächenerscheinung durchschauen und die tiefer liegenden Faktoren erkennen.
2. Es ist sinnvoller über beeinflussbare Faktoren nachzudenken als über Ursachen.
3. Jedes Symptom hat eine Be-Deutung, zeigt also auf etwas, das nicht immer offen zutage liegt. „Don't bite my finger – just look where I'm pointing to!“
4. Und man darf die Leute nicht beleidigen, die am Entstehen von Verständnis mitarbeiten müssen.

Erkunden und Erforschen

Erkunden ist eine Fähigkeit, die einer bestimmten Haltung bedarf und einer profunden Methodik. Die Haltung ist neugierig und freundlich, so wie man auf Reisen in einer Stadt alte Gassen erkundet. Erkunden bewertet nicht, sondern sammelt und ordnet, lässt Übersichten entstehen, skizziert sich ein Bild von einer Situation. Erkunden jagt nicht Zielen nach, sondern erforscht Möglichkeiten und Optionen. Diese Art zu fragen und die Antworten zu ordnen dauert solange, wie es nötig ist, um auf eine erste Etappe aufzubrechen. Und man muss nicht den totalen Überblick haben, bevor man aufbricht.

Entscheidend für Klärungsgespräche ist auch die Atmosphäre, in der sie stattfinden. Nicht die Auskunft über das letzte Detail macht den Erfolg aus, sondern die Art, in der die Fragen gestellt werden. Offene Fragen stellen und aktiv zuhören ist bedeutender als reden. Absicht der Gespräche ist ein Erkenntniszuwachs auf beiden Seiten und nicht das Nachweisen von Fehlern. Fragen sind dabei die Hilfsmittel für die Steuerung des Gesprächs und dürfen nicht dazu missbraucht werden, die eigene Meinung bestätigt zu bekommen. Ein erkundendes Klärungsgespräch ist keine Jagd, keine Inquisition, sondern eine Einladung zum Puzzlespiel: Was immer einer beiträgt, nützt allen. Und auch Fragen nach der Sichtweise Dritter (zirkuläre Fragen), nicht am Gespräch beteiligter Personen, haben oft eine erhellende Wirkung für alle am Klärungsgespräch Beteiligten.

Mit Fernglas und Lupe

Ein Fernglas ist ein Instrument, mit dem man sich im Gelände Orientierung verschaffen kann, und zwar weiter als das Auge reicht. Dieselbe Funktion haben viele Fragen und ihre Zielrichtungen bei der Auftragsklärung. Es geht darum, einen möglichst umfassenden, ganzheitlichen Überblick über die Situation zu gewinnen. Die Lupe dagegen verschafft uns die präzise Wahrnehmung der kleinen Dinge. Und auch das ist manchmal in der Auftragsklärung wichtig: dass man präzise hinschaut und hinhört und den Fokus auf etwas legt, was einen weiterbringen kann. Klar ist es manchmal verführerisch, im Detail hängen zu bleiben. Doch dann wird diese Art zu fragen leicht zu analytisch und stößt auf Abwehr.

„Die Meister in der Produktion finden das nicht gut" – „...und die Meister der anderen Abteilungen?", „...und die anderen Mitarbeiter dort?" Diese Fragen öffnen den Blickwinkel. „...und alle Meister, oder eine bestimmte Gruppe?", „...und wer am meisten und welche Gründe nennt er genau?" Diese Fragen fokussieren, halten sozusagen auf den Brennpunkt. Die Fragen der Auftragsklärung sollen den Fokus beständig wechseln lassen: Überblick *und* Detail, aus Abstand *und* ganz nah, jedes zu seiner Zeit und von keinem zu viel.

Die folgende Liste beschreibt, wonach man meistens fragen kann, wenn Vorhaben zu klären sind:

- **Die Ausgangssituation:** Welche Not und welche Hoffnung treiben den Auftrag? Wie dringend ist eine Lösung? Ist ein Projekt die angemessene Antwort auf die Ausgangssituation?
- **Die Beziehungsnetze:** Wer stützt das Vorhaben, wem missfällt es? Wer wäre Nutznießer der Veränderung, wer ist Nutznießer des bestehenden Zustands?
- **Die Eigentümerschaft am Thema:** Wer ist Initiator und wie ist er legitimiert? Wer ist Energieträger und verantwortlicher Entscheider?
- **Die Projektlandschaft:** Wer und was alles wird von Auswirkungen der Veränderungen berührt? Wer alles kann zur Projektgenese beitragen?
- **Der Organisationskontext:** Wie viel Zeit haben Ergebnisse, wie sorgfältig können sie entwickelt werden? Welche Außenfaktoren müssen berücksichtigt werden?
- **Die Veränderungserfahrung:** Welche Erfahrungen gibt es mit Projekten? Was wird als erfolgreich, was als gescheitert bezeichnet?
- **Die Potentiale:** Wie viel an Ressourcen steht zur Verfügung? Welche Know-how-Träger gibt es? Welche Technologien stehen im Hintergrund? Welche Potentiale sind kritisch?

Die Tools zur Auftragsklärung

Vier Tools bringen die Informationen ans Licht, die man zu Beginn eines Veränderungsprojekts braucht: Timeline, Komplexitätsanalyse, Stakeholder-Mapping und das System-Modell. Und zwar im Kern zu diesen Fragen:

- Warum und wohin soll verändert werden?
- Macht es genügend Sinn für den Preis, den es kostet?
- Wie komplex ist die Veränderung, was alles wird betroffen sein und was nicht?
- Welche Stakeholder haben welche Interessen?
  Welche „starken Schultern" braucht die Veränderung in der Umsetzung?

1. Grund, Sinn und Zweck: Die Timeline-Methode

Mit Hilfe dieses Flipcharts mit den Timeline-Fragen klären wir in wenigen Minuten, warum und wozu etwas verändert werden soll, welche Versuche es schon gegeben hat, was gelungen ist und wo man hängen geblieben ist.

Wenn man die Antworten auf diese Fragen zusammengetragen hat, wird klar, ob ein Thema eine – positive wie negative – relevante Geschichte hat, die man im Sinn haben muss: Chance oder Bürde oder beides gleichzeitig. Es hilft zu verstehen, wo man steht und was man noch braucht. Und die grobe Zielrichtung – nicht als Zielpunkt, aber als Wegweiser – wird auch deutlich. Das bildet die Voraussetzung, dass man einen brauchbaren Auftrag an eine Arbeitsgruppe oder ein Projektteam formulieren kann.

Oft ist es wichtig, die Geschichten zu kennen, die über vergangene oder parallele Projekte erzählt werden. Manchmal werden Projekte liegengelassen, aber nicht richtig beendet, weil sie an Stellen gelangt sind, wo entscheidende Änderungen notwendig wären, aber sich keiner getraut hat. Und diese Projekte geistern dann als Projekt-Zombies „un-tot" durch die Entscheidungsfriedhöfe der Organisationen, saugen den neuen Projekten mit depressiven Prognosen das Blut aus und lähmen jegliche neue Entwicklung. Firmengeschichten sind voll von gescheiterten Verbesserern, die auf der Strecke geblieben sind und bei jedem neuen Projekt zur Abschreckung herhalten müssen.

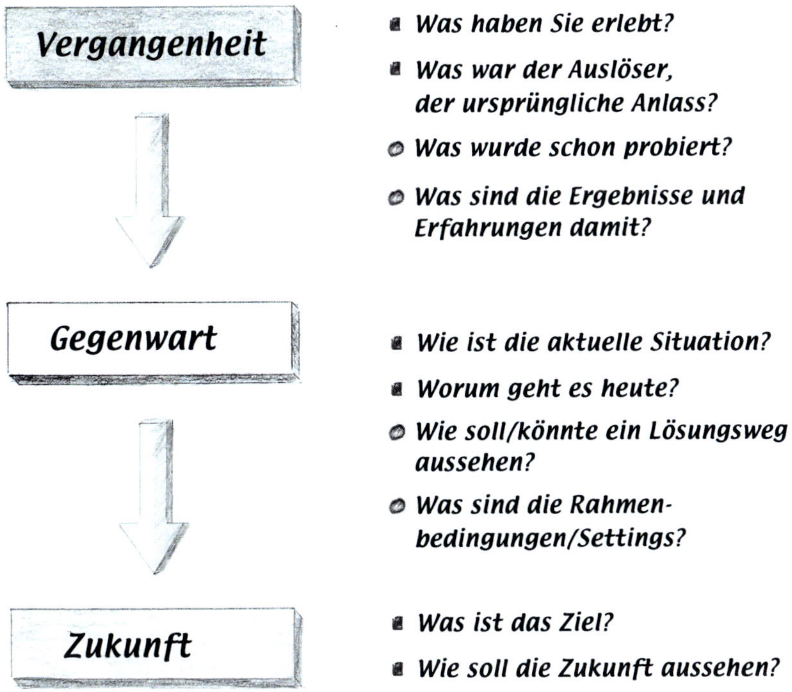

Abb. 22: Timeline-Fragen

Oft werden Projekte auch auf Eis gelegt oder verlaufen im Sand und es wird einfach mit einem neuen begonnen: mit neuen Fragestellungen und neuen Beratern. Wenn Führungskräfte wechseln ist das häufig der Fall, weil die Neuen natürlich nicht die schwierigen Hypotheken der Vorgänger übernehmen mögen. Neues Spiel – neues Glück, lautet oft das Motto, aber nur selten führt das zum Erfolg. Denn um eine Chance zu haben, wirklich wirkungsvoll zu sein, müssen neue Projekte die vergangenen Projektfragen und die Projekt-Geschichten einer Organisation einbeziehen und fruchtbar machen. Und manchmal müssen nicht ordentlich beendete Projekte erst sauber beerdigt werden, damit ein Neubeginn möglich wird.

2. Komplexitätsanalyse

Die Variablen der Komplexitätsanalyse haben wir in Kapitel eins bereits besprochen. Jetzt geht es um die Diagnose: Schätzen Sie mal zu jeder der vier plus vier Variablen ein, wie hoch oder gering Sie jede ausgeprägt finden.

Wichtig ist beim Einschätzen der Komplexität, womit man vergleicht. Wir vergleichen immer damit, was in der Organisation schon bewältigt worden ist. Sowohl die fachliche wie auch die soziale Komplexität ist also relativ zu den gemachten und verfügbaren Erfahrungen der Organisation zu sehen. Wer mit einem Thema noch wenig Erfahrung hat, für den stellt z.B. eine große Anzahl an Sachaspekten eine größere und schwierigere Komplexität dar, als für jemanden, der Themen mit ähnlich langen Aspekte-Listen schon gemanagt hat. Zum Einschätzen verwenden wir eine Skala von 1 – 5. So bekommt zunächst jede der vier Variablen der inhaltlichen Komplexität einen Wert zugeschätzt. Und aus diesen Vieren bildet man den Durchschnittswert. Dasselbe geschieht für die vier Variablen der sozialen Komplexität.

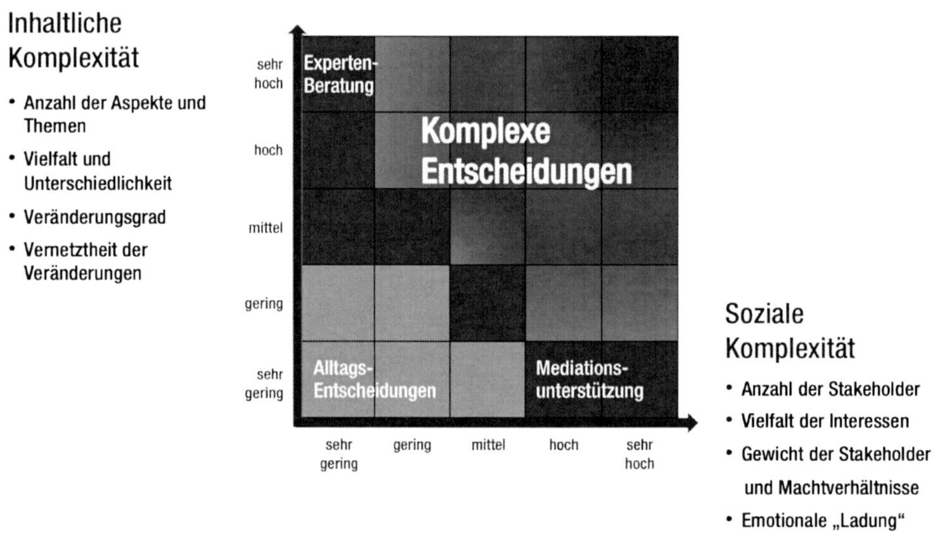

Abb. 23: Komplexitätsanalyse

In der ComTeam-Studie zur Entscheidungskultur (März 2010) haben etwa fünfhundert Führungskräfte für je drei Projekte eingeschätzt, wie komplex sie diese finden, und zwar nach Themen sortiert. Produktentwicklungs-Projekte haben eher eine fachliche denn soziale Komplexität. Personal-, Reorganisations- oder Standortprojekte dagegen haben eher eine hohe soziale Komplexität. Ableiten kann man daraus, was im Projekt gemacht werden muss und welche Ressourcen man dafür vorsehen sollte: Wie man also mit den fachlichen Anforderungen umgeht, welche Berater man einbezieht, welche Knowhow-Träger aus der Organisation mit involviert werden. Aber eben auch: welche Interessengruppen wie angesprochen werden müssen, damit man sie nicht dadurch in den Widerstand treibt, dass man sie zu spät oder gar nicht adressiert. So lässt sich sehr brauchbar einschätzen, welche Arbeitsaufwände, welche Kommunikationsmaßnahmen und wie viele Beteiligungsworkshops man etwa planen muss: Damit ein breit getragenes Resultat entsteht, das leicht und selbstverständlich implementiert werden kann.

3. Stakeholder-Mapping

Nehmen wir mal an, Ihr Vorhaben beträfe sechs Personen, die sich zwischen Ablehnung und Zustimmung etwa so aufstellen würden, wie im folgenden Bild: Wie groß schätzten Sie die Chance ein, dass das Nötige geschehen wird?

Abb. 24: Zustimmungsgrade

Ok, genau so sehen wir das auch: Ein mühseliges Unterfangen. Doch die meisten Change-Vorhaben starten genau mit solch einem Bild. Und dann folgt oft, dass die Verändererseite Begeisterungszwang inszeniert, mit Informations- und Überzeugungsmühen, mit Druck und Machteinsatz. Worauf die Betroffenen mit Scheinakzeptanz reagieren, mit Ausweichen und Vermeidungsstrategien. Und nichts geht mehr. Also muss man das anders machen.

Im Rahmen unserer Entscheider-Studie haben wir viele Entscheider gefragt: „ ... , wenn Sie wirklich darauf vertrauen müssen, dass Ihre Leute bei diesem Projekt tatkräftig mit anpacken: Wie sehr auf einer Skala von eins bis fünf müssten die dann Ihrem Vorhaben zustimmen?“ Die Antwort war immer „mindestens vier“ oder „klar fünf“. Das hat uns zu der Einsicht geführt, dass Zustimmung und Unterstützung nicht linear zusammenhängen, sondern eher so:

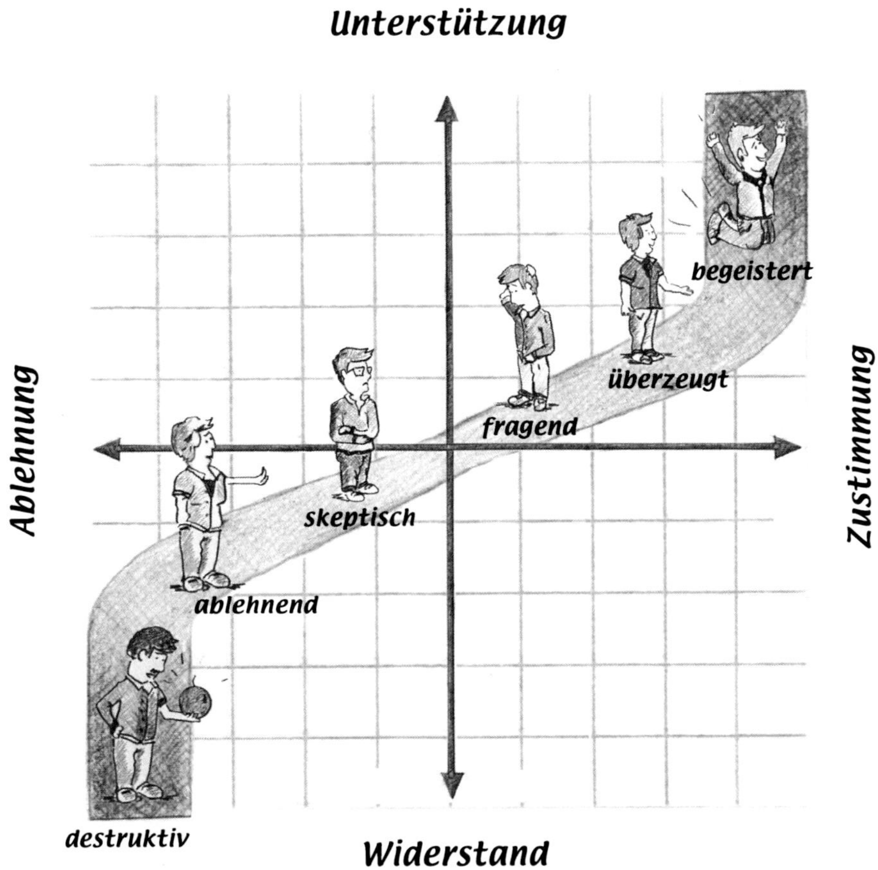

Abb. 25: Zustimmung und Unterstützung

Das bedeutet, dass Fragende oder sogar Überzeugte immer noch nicht handlungsbereit sind, obwohl sie einem Vorhaben wohlgesinnt sind. Das bedeutet auch, dass die volle Unterstützung des Begeisterten erst dann entsteht, wenn jemand voll und ganz zustimmt und weiß, was zu tun ist.

Überzeugte finden die Idee auch gut, brauchen aber noch Anleitung, was zu tun ist. Fragende sind eigentlich positiv gestimmt, „unterschreiben" aber erst, wenn sie alle Antworten haben, die sie brauchen. Skeptische hegen noch Misstrauen, vielleicht aus vergangenen Erfahrungen; sie brauchen das Gespräch über ihre Gründe und Chancen zur Mitarbeit. Und am spannendsten sind die Ablehnenden, denn die fürchten, dass ihnen die Felle davonschwimmen. Die brauchen – statt Diskriminierung – faires und offenes Verhandeln, weil ihre Interessen verletzt werden und das nach Kompensation ruft. Die Ablehnenden sind ein wichtiger Schlüssel für Akzeptanz auch bei vielen Anderen, denn wenn man mit ihnen schlecht umgeht, werden auch aus Fragenden und aus bereits Überzeugten wieder Skeptische: Die ganze Zustimmung rutscht nach links. Und es droht die Gefahr, dass aus den Ablehnenden letztendlich Destruktive werden, die man stoppen muss, weil sonst die ganze Organisation in Mitleidenschaft gezogen wird. Das ist dann immer ein Unglück.

Genau dies ist Monika H. widerfahren: Sie war trotz ihrer noch jungen Jahre bereits Leiterin einer Filiale einer großen Bank geworden, entwickelte sich zur geschätzten und beliebten Führungskraft, und eine beeindruckende Karriere wurde ihr prophezeit – trotz ihrer familiären Situation mit zwei kleinen Kindern im Vorschulalter und einem geschäftsreisefreudigen Partner. Ihr Leben war von 5:30 bis 19:00 Uhr klar durchgetaktet, und dank der nur fußläufigen Entfernungen zwischen Kindergarten, Filiale und Zuhause, funktionierte alles bestens. Bis zu dem Tag, an dem die Konzernleitung beschloss, das Filialnetz zu straffen, um auf die zunehmende Nutzung von Onlinebanking, verbunden mit zurückgehenden Kundenbesuchen in den Filialen, zu reagieren. Natürlich wurde Monika H. nicht entlassen, sondern man bot ihr eine andere Filialleitung – am anderen Ende der Stadt – an.

Die betriebswirtschaftlichen Gründe dieser Entscheidung verstand Monika, aber die Aussicht auf zweimal täglich eine Stunde Fahrzeit war eine Katastrophe. Dies drohte ihr ganzes Arrangement von Kindergarten, Musikschule, Arbeit und Familienleben zu zerrütten. Als sie ihrem Personalchef erklärte, was das alles für sie an Konsequenzen mit sich brächte, wimmelte er sie mit der Bemerkung ab, dass Flexibilität schließlich von allen Führungskräften erwartet werden würde und ihre Familiensituation nicht Sache der Bank sei. Diese Abfuhr machte aus ihrer Betroffenheit tiefen Frust, und sie schrieb ihrem Vorstand einen Brief mit der Frage, ob dieser Stil im Sinne der Unternehmensführung sei. Eine Antwort hat sie bis heute nicht erhalten. Sie verließ das Unternehmen und setzte geraume Zeit später ihre Karriere als gefürchtete Redakteurin und Moderatorin in einer Wirtschaftsredaktion fort, als ziemlich talentierte unbequeme Gegnerin derer, die sie so kühl haben abblitzen lassen. Viel Feind, viel Ehr.

Zurück zur Auftragsklärung: Identifizieren Sie bereits ganz am Anfang, wer die sieben bis zehn einflussreichsten Stakeholder für Ihr Vorhaben sind. Stakeholder sind dabei erstens jene, die man braucht, damit „es was wird", die also über Macht und Knowhow verfügen und dafür sorgen können, dass gute Lösungen entstehen, die umsetzbar sind und Nutzen stiften. Und zweitens sind Stakeholder die, die genug Macht und Einfluss haben, ein Projekt zu be- oder zu verhindern, wenn sie es für schädlich halten.

Und dann schätzen Sie mal, wen Sie in welcher Rolle zu dem Vorhaben sehen, wer welche Interessen vertritt. Und dann überlegen Sie, welche Gruppe wie adressiert werden muss, um ihrem Standpunkt und den guten Gründen dahinter gerecht zu werden. So verhindert man unnötigen Widerstand von Anfang an. „Ja keine schlafenden Hunde wecken" hält manch einer dagegen. Aber selbst das wäre immer noch besser, als später von den wütenden gejagt zu werden, oder?

Das Formular Abbildung 26 kann zum Stakeholder-Mapping verwendet werden.

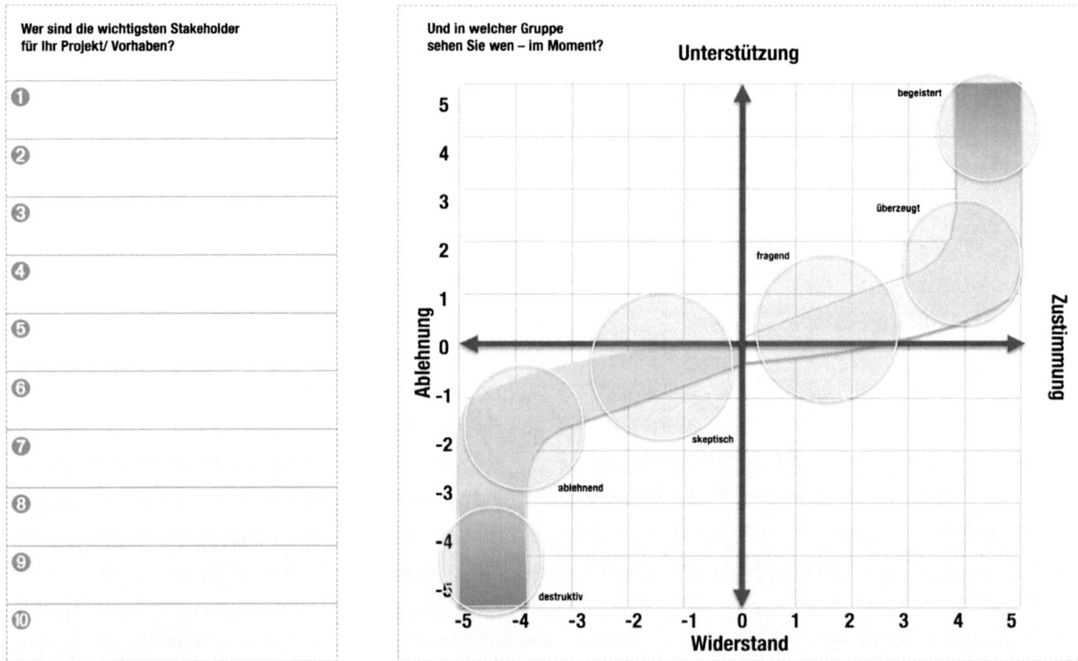

Abb. 26: Stakeholder-Mapping

4. SystemModell-Analyse

Das SystemModell kann man benutzen wie eine Landkarte. Es vermittelt Übersicht, bringt die Elemente und Umfeldeinflüsse einer Unternehmensorganisation in Zusammenhang und hilft dabei, gute Hypothesen und Fragen zu entwickeln. Wir benutzen dieses Modell in Projekten um herauszufinden, wie sich eine Veränderung in einem Organisationssystem auswirkt, worauf sie zielt und welche anderen Variablen indirekt betroffen sein könnten. Darüberhinaus kann es zum Studieren von Systemdynamiken genutzt werden, um eine Vorstellung von möglichen Wirkungen von Veränderungen zu bekommen. Und wir verwenden es als Fragestellungs-Rahmen zur umfassenden Entwicklung von Trendaussagen, zum Abwägen von Lösungsalternativen (was passt wie ins "System" ?) und zur Konfliktanalyse, um Ursachen hinter Symptomen zu entdecken.

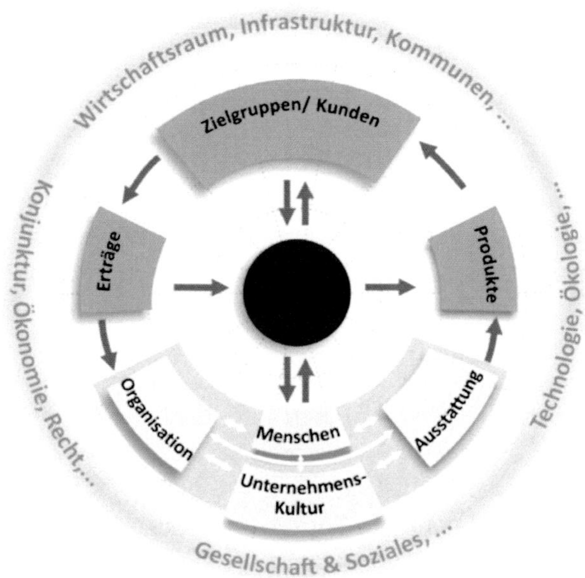

Abb. 27: SystemModell für Organisationen

Das SystemModell beschreibt drei Variablengruppen und deren Beziehungen untereinander: Die Binnenvariablen umfassen die Menschen, die Ausstattung und die Organisation (Aufbau- und Ablauforganisation) sowie die Unternehmenskultur eines Systems.

Bei den Menschen geht es einerseits um quantitative Aussagen über Anzahl, Alterstruktur, Ausbildungsstände etc. Wichtiger aber sind die qualitativen Beschreibungen von Fähigkeiten und Talenten, von Bedürfnis-Strukturen und der Vitalität, mit der sie auftreten, also wie expressiv oder introvertiert sie sich verhalten. Zur Ausstattung gehört alles an Hardware, Software und Brainware, was eine Organisation ausmacht. Vom Bleistift über die Scanneranleitung zu den Grundstücken, von den Computernetzen bis zu den Raumkonzepten für die Gebäude. Und unter Organisation verstehen wir alles, was geregelt und festgehalten ist: Ablauf- und Aufbauorganisation, die Arbeitszeitordnung, das Unternehmenshandbuch und die Zugangsregeln zum Intranet.

Diese drei Variablen gruppieren sich um die Unternehmenskultur. Das sind, siehe oben, also im Wesentlichen die Regeln und die Identität einer Organisation: wer wir sind, was für ein Geschäft wir betreiben. Bei den Regeln sind vor allem zwei Typen interessant: die ungeschriebenen Regeln und die Metaregeln. Ersteres ist alles das, was ein Neuling im Unternehmen in den ersten Wochen hinter vorgehaltener Hand erzählt bekommt: wer das Sagen (wirklich) hat, wer harmlos und wer ein Fuchs ist, was man auf keinen Fall sich leisten sollte und wer worauf besonders stolz ist. Zu letzterem gehört, wer Regeln macht und wer sie unsanktioniert missachten darf. Und wie laut man sich gebärden muss, damit neue Regeln entstehen.

Für die Binnenvariablen und die Kultur ist die wichtigste Frage die nach ihrer Kongruenz, wie also alles zusammenpasst. In den Siebzigern war ein heißes Thema, dass die Menschen partizipieren wollten, die autoritären Strukturen das aber nicht vorsahen. Das passte nicht, die alten Zöpfe mussten weg! In den Achtzigern stand die Modernisierungswelle auf der Ausstattungsseite (Rationalisierung!) in Konkurrenz zu den Humanisierungsbestrebungen auf der Menschenseite. Das führte zu heftigen Auseinandersetzungen bis hin zu Streiks.

In den Neunzigern machten Organisationen bei der Einführung der großen Standardsoftwarelösungen zur Unternehmensintegration ähnliche Erfahrungen wie bei der Einführung des Taylorismus. Die technologischen Konzepte dominieren die Organisationsformen, und die Menschen spielen dabei eigentlich keine Rolle mehr. Und seit der Jahrtausendwende definieren Globalisierung, Klimaschutz, Digitalisierung und die Ansprüche der Generation Y das Tempo und Themen in den Organisationen. Und auf den Stromschnellen des Wandels merkt kaum mehr einer, wie Kultur in den Arbeits-Lebens-Räumen den Bach hinuntergeht.

Die Außenvariablen der Organisation umfassen den Markt, die Produkte und Dienstleistungen, den Ertrag und als zentrale Variable die Funktion einer Organisation. Der Markt meint die Gruppe von Menschen, die sich eine Organisation als Zielgruppe gewählt hat. Und das Wort „gewählt" ist wichtig, denn viele Unternehmen tun so, als hätten sie einen Markt an sich. Aber es ist immer eine Entscheidung, auf welche Zielgruppen hin man ein Unternehmen ausrichtet. Für diese Zielgruppe produziert das Unternehmen, und es kommt wieder darauf an, dass die Dinge zusammenpassen: das Preisniveau zum Vermögen der Zielgruppe, die Produktgestaltung zur Altersschicht und so weiter.

Die Funktion beschreibt, was eine Organisation bei ihrer Zielgruppe erreichen oder bewirken will oder soll. So ist die Funktion eines Jaguar-Automobils nicht nur die Organisation individueller Mobilität, sondern eben auch die beabsichtigte Demonstration individueller Nobilität oder zumindest der finanziellen Voraussetzungen dazu. Und mit Chanel und L'Oreal steht es nicht anders: Die Funktion edler Duftstoffe ist natürlich, angenehm zu duften. Aber noch mehr zählt die Exklusivität des Duftes und das „Ich bin es mir wert". So liegen wichtige Funktionsaspekte oft nicht offen zutage. Viele haben große Mühe, bis sie die Funktion auch nur ihrer Abteilung oder ihres Projektes so beschreiben können, dass sie sagen können: „Das ist es! Dafür sind wir wirklich da!"

Die Erträge sind das, was die Funktion einer Organisation bestätigt oder kritisiert. Wenn die Kunden den Preis bezahlen, nährt das die Binnenvariablen, steht also für Gehälter oder für Investitionen zur Verfügung. Neben den materiellen Erträgen gibt es aber auch die ideellen, also das Image auf dem Markt oder den Ruf, den man in der Verbandslandschaft genießt, bis hin zum Ruf in die Kanzlerrunde.

Die Umfeldfaktoren, sind die Einflussgrößen, die eine Organisation nicht unmittelbar und kurzfristig beeinflussen kann, sondern nach denen sie sich eher richten muss: Standorteigenheiten, Infrastruktur, Wettbewerbssituation, gesellschaftlicher Rahmen, Gesetzgebung, Techno-Trends, um nur einige zu nennen.

Im Klärungsprozess vergegenwärtigt man sich nun, worauf das Veränderungsprojekt zielt, welche Wirkungen erreicht werden sollen und welche Nebenwirkungen in Kauf genommen werden müssen:

- Auf welche Variablen, besonders welche Innenvariablen, zielt das Projekt? Welche Veränderungen sind beabsichtigt und welche Risiken könnten entstehen?
- Welche Auswirkungen auf andere Variablen können wir vermuten? Welche sind erwünschte, welche vielleicht unerwünschte Nebenwirkungen?
- Welche kulturellen Regeln und Überzeugungen werden von der Veränderung berührt? In welcher Weise und mit welchen Rückwirkungen?
- Welche Fragen und Themen ergeben sich daraus fürs Projektdesign und die Auftragsvergabe an Projektgruppen?

Konzeptionsworkshops

Klärungsprozesse machen alle guten Berater. Mit dem Wissen um die wichtigsten Tools und einem Gespür dafür, welche Erkenntnisse sie bringen können, kann man als Entscheider oder zuständige Führungskraft entweder Berater briefen oder ihnen auf den Zahn fühlen, ob sie sorgfältig genug an die Sache herangehen.

Alternativ leitet man selbst den Konzeptionsworkshop. Für alle, die das Moderieren gelernt haben und Erfahrung mit dialogischen Gruppenprozessen haben, ist das methodisch machbar. Und die Themen, die dabei geklärt werden müssen, zeigt die Abbildung 28 und – ausführlicher – die Summary am Ende dieses Kapitels. Doch wenn es Ihr Projekt ist und viel Herzblut darin steckt, dann ist es besser, wenn das ein Anderer leitet. Denn werben und leiten und den anderen zuhören und die eigenen Ideen verteidigen und alles gleichzeitig:

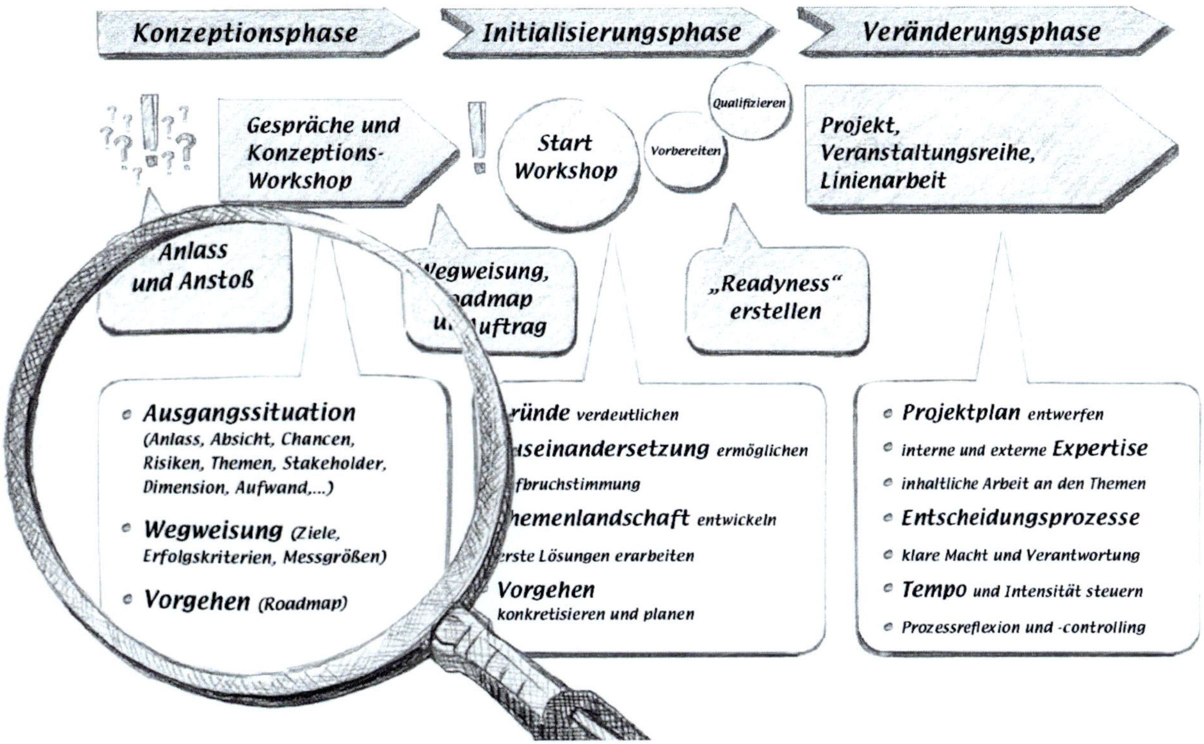

Abb. 28: Themen im Konzeptionsworkshop

Das ist zu viel. Also: je mehr Sie selber engagiert sind, desto eher geben Sie die Leitung jemandem, der mit allen kontroversen Meinungen, die auftauchen können, allparteilich umgehen kann. Das kann ein Kollege sein, jemand aus der Personalentwicklung oder jemand aus einem externen Beratungsunternehmen.

Die richtige Rolle von Prozess-BeraterInnen und die Beraterfalle

Für viele Projekte sind externe Beraterinnen und Berater eine gute Wahl. Experten fürs Fachliche bringen das nötige Knowhow ein, doch bei Veränderungsprojekten sind häufig auch Change Consultants gefragt. Sie kümmern sich um die richtige Projektarchitektur, helfen aus Konflikten und Pattsituationen, planen und designen die Projektkommunikation und die Maßnahmen zur Beteiligung derer, bei denen der Wandel stattfindet.

Dabei ist die Frage der Verantwortung für Berater eine diffizile Angelegenheit. Denn Auftraggeber haben oft bestimmte Interessen und möchten den Auftrag natürlich daran gerne knüpfen. „Wer bezahlt, sagt, wo's langgeht."

Aber manchmal ist einem Auftraggeber die Veränderungssituation auch zu heiß. Wenn Veränderungen notwendig und aufwändig und dann auch noch sozial komplex sind, dann braucht man jemanden, „der sich mit so etwas auskennt" und einem die Sorgen abnimmt. So entstehen, meist ohne böse Absicht, Konstellationen, für die wir den Begriff Beraterfalle verwenden.

Normalerweise tragen die Führungskräfte für Qualität und Kultur eines Unternehmens oder eines Bereichs die Verantwortung, und normalerweise auch gerne. Aber wenn sie mit den Mitarbeitern oder den Ergebnissen ihrer Gruppe Schwierigkeiten bekommen, beginnt die Bürde zu drücken. Sie beginnen mehr über die Leute zu reden als mit ihnen und betrachten sie schließlich als Objekte, mit denen man etwas anstellen muss, damit die Dinge sich bessern. Führungskraft und Mitarbeiter gehen auf Distanz zueinander und dies ist von emotionalen Spannungen gekennzeichnet, denn jeder merkt, dass „der Chef nicht zufrieden ist", vor allem der Chef selber. Als Folge davon ziehen sie sich dann auf Alleingänge zurück, und die Kluft wächst. Aus einer kooperativen Situation ist eine kämpferische und oft bald sprachlose entstanden, und auch die Mitarbeiter ziehen sich ein Stück aus ihrem Aufgabenfeld heraus. Die Beraterfalle ist aufgespannt.

Solche Problemsituationen, die kompliziert sind und emotional unter Strom stehen, ziehen Energie und Zeit ab und beginnen langsam Produktivität zu kosten, und jeder kann es wahrnehmen.

Oft löst das eine Eskalationsspirale aus, eine sich-selbst-verstärkende Verschärfung der Situation. Wenn die Dinge dann immer dringlicher nach Lösung rufen, sucht der Verantwortliche nach Unterstützung und findet sie auch: Schnelle Helfer, die ihm gerne Lösungen anbieten und ihm damit das Problem vermeintlich abnehmen. „Machen Sie mit meinen Leuten mal ..." lautet dann oft der Auftrag an die Berater und kann durch vielfältige Lösungsideen ergänzt sein: „...ein Teamtraining, ein Kreativitätstraining, einen Konfliktworkshop, eine Umstrukturierung", was immer gerade passt. Und wenn sich die Führungskraft nun – vermeintlich erlöst – in die zweite Reihe stellt, gerät der Berater in eine Position zwischen der Führungskraft und dessen Gruppe. Er gerät buchstäblich zwischen alle Stühle und in eine komplizierte Situation. Das Verzwickte daran ist, dass jeder Beteiligte subjektiv einen Vorteil empfindet, objektiv aber Schaden und Nachteile erleidet.

Vorteile: die Führungskraft hat jemanden, der ihr die Bürde abnimmt und kann sich entlastet fühlen. Die Gruppe hat jemanden, den sie nicht wie ein rohes Ei behandeln muss und an dem sie ihren ganzen Ärger und Frust abreagieren kann. Mit dem Chef geht das nicht, weil die Mitarbeiter ihm gegenüber oft in Loyalität gefangen sind, er hat die meisten schließlich geholt, gefördert, angeleitet... Und auch der Berater hat seinen Vorteil: einen Auftrag und Einkommen, wenngleich er das manchmal eher als Schmerzensgeld denn als Honorar verbuchen müsste. Darüber hinaus kann er sich wichtig fühlen, weil es ohne ihn gar nicht mehr zu gehen scheint und er nun extra kommen muss, um den Kahn wieder flott zu machen. Genau dieses Gefühl ist für viele Berater eine hohe Motivation – und eine große Verführung.

Nachteile: Die Führungskraft ist um ihre Macht und Verantwortung gebracht. Und das führt zu einem Dilemma: haben der Berater und die Gruppe Erfolg, steht er immer noch daneben. Seine persönliche Problemsituation mit der Gruppe bleibt weiterhin ungeklärt, während die Gruppe mit einem anderen vorankommt. Das schwächt seine Position als Führungskraft. So wendet sich sein Auftrag im Erfolgsfall gegen ihn, und es gibt viele Beispiele, in denen Berater in Unternehmen als Führungskräfte geblieben sind. Nicht selten überholen sie ihre alten Auftraggeber hierarchisch, haben sie doch bewiesen, dass sie es besser können. Für die Führungskraft scheint es da das Beste zu sein, wenn solche Aufträge, bei denen sie aus der Verantwortung geraten sind, scheitern.

Den Mitarbeitern ist in diesen Situationen ihr Vorgesetzter entzogen und sie fühlen sich vielleicht sogar gedemütigt, weil er externe Hilfe für sie gerufen hat. Wieder ist Scheitern die beste Lösung, weil die Mitarbeiter ihm damit nachweisen können, dass nicht einmal der teure Berater die Probleme lösen kann. Der schlimmere Schaden aber ist, dass sie um ihre Produktivität gebracht werden, und das ist einerseits frustrierend und verbessert andererseits nicht gerade ihr Image.

Der Berater gerät in solchen Auftragssituationen leicht in eine Illusion darüber, wie bedeutungsvoll er ist. Manchmal entsteht ein Beraterbild des Machers und Retters, eine starke, souveräne, listige und unermüdliche Herkulesfigur. Aber der wahre Name der Figur ist Sisyphos. Und die Unermüdlichkeit ist oft ein Mantel. Er überdeckt die Verzweiflung darüber, wie wenig wirklich zu bewirken ist, wenn die legitime Verantwortungsposition nicht kraftvoll besetzt ist. Wer das zwanzig Jahre mitmacht, landet oft in einer Sucht-Tragödie, im Zynismus oder sonstigem Verdruss. Wenn der Berater die Macht und Verantwortung des eigentlich Verantwortlichen übernimmt, und das nur mit geliehener Macht, dann wissen das natürlich alle. Und man merkt den Lösungen an, dass mehr als der kleinste gemeinsame Nenner nicht zu erreichen war. Wir können aus Erfahrung sagen: Sind viele im System am falschen Platz, ist es besser, Vorhaben mit möglichst viel Anstrengung scheitern zu lassen, am besten unbewusst. „Wir haben alles versucht, aber..."

Dieses Muster der Beraterfalle findet sich auch in Projekten. Ein überbeschäftigter, distanzierter Lenkungsausschuss postiert das Projektteam zwischen sich und der Organisation, und mit riesigem Aufwand passiert – fast immer fast nichts. Lösungsideen werden im Lenkungsausschuss durchgewunken und bleiben dann bei den erstbesten Widerständen stecken, weil sich kein Verantwortlicher dahinter stellt. Vereinbartes wird nicht erledigt, weil niemand Konsequenzen dafür erwarten muss. Da kann dann mitunter schon der Verdacht aufkeimen, dass bestimmte Projekte eigentlich Ablenkungsmanöver sind, deren Scheitern insgeheim allen nützt. Aber wie entsteht so etwas?

Ein Bereichsleiter kam im Rahmen einer Reorganisierung auf eine neue und höhere Position, nicht ganz so weit, wie er eigentlich gewollt hätte, aber immerhin. Der neue Bereich war in ziemlicher Unordnung, in den Abläufen wie in den Strukturen. Aber vor allem machte das Finanzgebaren des Bereichs einen ziemlich beziehungsorientierten Eindruck, wenn das als

Andeutung überhaupt reicht. Die früheren Verursacher dieses Zustandes aber saßen als Vorstände in der Ebene über ihm und er in einem dicken Konflikt. Ein Projekt sollte nun die Situation der Abteilung verändern, aber ohne dass aufflog, wessen eigentliche Handschrift die bestehenden Probleme trugen. Aus der persönlichen Sicht des neuen Bereichsleiters aber musste es so erfolgreich sein, dass seine weitere Entwicklung nicht beschädigt werden konnte. Und wenn es denn scheitern sollte, durfte man ihm das nicht anlasten können. Darüber hinaus wollte er seinen neuen Führungskräften nicht Unrecht tun und gleich wie ein neuer Besen gründlich durchfegen, denn „wenn die sich querlegen, geht gar nichts mehr." So viele widersprüchliche, unehrliche und verschleiernde Anforderungen sind natürlich in keinem Projekt unterzubringen. Es entstand also ein echtes Dilemma: Es darf sich eigentlich nichts ändern, aber es darf auch nicht so bleiben.

So kann man verstehen, dass ein Projekt aus der Serie Beraterfalle die beste Notlösung zu sein schien, und eine professionelle Auftragsklärung unterblieb – Unheil ahnend – lieber, denn *„ideal ist es schließlich nirgends"*. Wenn jede Handlungsalternative in den Abgrund zu führen scheint, ist Verantwortung so heiß wie glühende Kohlen. Und das überlässt man dann gerne den Beratern, *„die werden schon wissen, wie sie das hinbringen..."*.

In diesem Fall ist das auch nicht gelungen, natürlich ohne richtig zu scheitern: Das Projekt hat die Verschiebung von ein paar Ablaufzuständigkeiten bewirkt, drei neue Gruppenleitungen eingerichtet und ein paar kleinere Veränderungen im Kontenplan „zur Erhöhung der Transparenz von Ausgabenzuordnungen zu erbrachten Leistungen" bewerkstelligt. Man kann also nicht sagen, dass gar nichts passiert wäre, die Wirtschaftlichkeit des Bereichs hat sich aber kaum verändert. Nur ein paar junge Mitarbeiter, die zur Anfangszeit des Projektes in den Bereich gekommen waren, haben sich schnell wieder aus dem Staub gemacht, denn *„man will ja schließlich noch was werden."*

Wir haben von dieser Geschichte in einem Coaching erfahren, um das dieser Bereichsleiter zwei Jahre später bei uns angefragt hatte. Er hatte das unbestimmte Gefühl, dass er bei personellen Veränderungen in seinem Unternehmen eigentlich nie mehr auf der Bewerberliste stand.

Beispiel 2: Auch in relativ unpolitischen Veränderungskontexten lauert die Beraterfalle. Das Projekt einer großen Software-Innovation in der Auftragsannahme hat von den Beratern verlangt, für die Ergebnisse die Hand ins Feuer zu legen. Es gab schon schmerzhafte Erfahrungen mit einer früheren Implementierung, *„und so eine Katastrophe wird sich unter mir nicht wiederholen!"* Starke Worte, die Beratungsfirmen liefen auf hohen Touren los und übernahmen zur Sicherheit gleich auch die Projektleitung beim Kunden, *„damit da nichts anbrennt."* Und selbstverständlich übernahmen sie auch die Verantwortung dafür, gute Lösungen abzuliefern. Das aber ging gründlich schief. Die wirkliche Güte von Lösungen wäre nicht nur darin gelegen, dass sie exzellent programmiert und technisch angepasst gewesen wären, das ist schließlich selbstverständlich.

Wirklich gute Lösungen ...

- passen in einem Unternehmen auch zur Kultur. Die neue Software in unserem Beispiel unterstützte, dass jeder mit allen Informationen, auch der aller Kollegen, arbeiten konnte. Das wäre klasse gewesen, wenn nicht der persönliche Verdienst der Mitarbeiter an ihrem individuell vermittelten Umsatz gehangen hätte
- passen zum Ausbildungsstand der Mitarbeiter, und entsprechende Weiterbildungsmöglichkeiten werden organisiert. Leider war die Kooperation im Netz nicht trainierbar, weil im Ausbildungszentrum keine Schulungsnetzwerke installiert waren und das auch noch nie jemand vorher gebraucht hatte „und so was auch nicht von heute auf morgen geht"
- sorgen rechtzeitig dafür, dass die Mitarbeiter die neue Software auch akzeptieren, obwohl sie ihnen Umstellungen zumutet. Das betraf vor allem soziale Veränderungen: durch die Anbindung an die Netzwerke der Produktion musste mit den Mitarbeitern dort nun in Zukunft auch zusammengearbeitet werden
- sorgen dafür, dass die Führungskräfte die Migration auch organisatorisch vorbereiten. Für die Woche X der Implementierung hätten frühzeitig Urlaubssperren ausgesprochen, Aushilfen organisiert und Parallelbetrieb vorbereitet werden müssen
- arbeiten an der Klärung und Bewältigung der unweigerlich entstehenden Konflikte
- und vieles andere mehr

Diese Fragen nach den Konsequenzen einer Lösung und ihrer Implementierbarkeit in das Unternehmen hätte nur der verantwortliche Auftraggeber selber beantworten und vor allem verantworten können. Nur war er dafür jetzt nicht mehr zuständig (sondern die externe Projektleitung). Er hatte auch eigentlich gar keine Zeit dafür, *„denn wofür hat man schließlich Berater?!"* Weil aber auch noch die Berater ihre Lösung flott durchbringen wollten, waren sie froh, dass die wirklich kritischen Implementierungsfragen erst gar nicht gestellt werden mussten.

So ist die Umstellung eskaliert, weil in der Woche X die externe Projektleitung nicht wirklich mächtig genug war, Konflikte mit betroffenen Abteilungsleitern selbst und gleich zu klären. Und der Auftraggeber hat sich nicht eingemischt, weil er *„ja gar nicht versteht, worum es dabei geht."* Am Schluss stand jeder gegen jeden: die Mitarbeiter gegen die Berater, denn „die haben uns gar nichts zu sagen, bald sind die weg und wir müssen mit allem zurechtkommen", die Führungskräfte gegen ihre Mitarbeiter, dass „die sich nicht so anstellen sollen, nur weil jetzt nachvollziehbar wird, wer was arbeitet und wer nicht", und so weiter. Das ganze hat schließlich einen ganzen Monatsumsatz an Produktivität gekostet, weil in der entscheidenden Woche dann auch noch ein paar neue Mitarbeiter fehlten. Das Entscheidungspapier hatte zu lange bei der Geschäftsführung gelegen, um die nötigen neuen Mitarbeiter rechtzeitig einstellen zu können. Aber darauf hatte die Projektleitung im Rahmen ihrer routinemäßigen Projektinforunde schon vor Monaten hingewiesen. So steht es im Protokoll.

So hat die Tatsache, dass Verantwortung und Macht falsch und letztlich ohnmächtig besetzt waren, großen Schaden angerichtet. Übrig blieben enttäuschte Führungskräfte, frustrierte Berater und sauergefahrene Mitarbeiter. Aber die Rechner liefen schon am Dienstag Abend tadellos. Auch ohne Leute.

Summary: Klare Gründe, klare Roadmap, klarer Auftrag

Das steht am Ende einer Auftragsklärung:

- Auslöser, Sinn und Zweck/ Richtungsziele sind klar
- Die Dringlichkeit ist offensichtlich (Was passiert, wenn nichts passiert)
- Auswirkungen, Chancen und der Preis der Veränderung können aufgezeigt werden
- Es ist deutlich, welche Personen wie von der Veränderung betroffen sein werden, welche Interessen und Bedürfnisse berührt werden
- Es gibt eine grobe Vorstellung einer Roadmap, also des Wegs und des Vorgehens
- Es ist klar, wer in welcher Rolle und mit welchem Beitrag mitarbeiten soll und wie diese Mitarbeit organisiert wird
- Es ist klar, ob und wen man zur Ergänzung der Expertise braucht und wie man die Erfahrenen zum Thema einbezieht
- Es gibt eine Vorstellung davon, wie visionär das Thema angegangen werden soll, über welche Tellerränder hinaus zu blicken ist, wohin die relevanten Welten (Märkte) sich entwickeln werden
- Es ist umrissen, was verändert wird und was (zunächst) bleibt, wie es ist
- Die ersten Schritte der Kommunikation sind klar: Wer wird informiert? Wer wird zum Startworkshop eingeladen? Wen hat man für die Projektmitarbeit im Auge?

Kapitel Sechs

Projektkonstruktion: Initialisierung und Mobilisierung

Nach einem ordentlichen Klärungsprozess sind also nun Dinge klar, die man wissen muss, bevor man richtig loslegt. Der Entscheiderkreis weiß im Großen und Ganzen, was er haben will, welche Dimension das Vorhaben hat und welche Dimension von Ressourcen angefasst werden muss.

Nun kommt die zweite große Vorentscheidung für erfolgreiche Veränderungsprozesse auf den Plan. (Die erste war, eine richtig gründliche Klärung vorzunehmen). Diese zweite Entscheidung heißt: Wir nehmen von Anfang an diejenigen mit, die an der Umsetzung aktiv arbeiten müssen, und zwar richtig. Das heißt, dass es nicht reicht, die Betroffenen zu informieren und begeistern zu wollen. Denn es reicht nicht, sie nur „im Boot zu haben". Sie müssen schon „rudern" wollen! Deshalb ist eine gute Auftaktveranstaltung nicht nur ein Kick-Off als Präsentations-Marathon, wie ihn viele machen, sondern etwas Besonderes:

- Sie erklären und verdeutlichen den künftig Betroffenen die Gründe für das Projekt, die Motive dahinter und den Zweck, den Sie verfolgen
- Sie stellen sich der Auseinandersetzung über die Legitimität, über die Sinnhaftigkeit, über den richtigen Ressourceneinsatz
- Wenn die Idee das „Grillen" übersteht, entsteht eine Aufbruchstimmung, die nicht nur billige Emotion ist, sondern auf errungener Überzeugung basiert
- Die konkrete Themenlandschaft des Projektes entsteht zusammen mit denen, die die Praxis kennen und genau wissen, was funktioniert und was schwierig werden könnte
- Es entstehen bereits erste Lösungen, die man morgen sofort realisieren kann
- Und nach anderthalb oder zwei Tagen Klausur sind die Teilprojekte klar, der Entwurf der Projektdesigns steht und wer woran mitarbeiten wird, hat sich auch schon ergeben.

Das definiert Change Management anders als bisher meist üblich: Change ist nicht das fünfte Teilprojekt, das im Wesentlichen Kommunikationsaufgaben wahrnimmt, und auf das man spätestens dann verzichtet, wenn Zeit und Geld knapp werden. Sondern: Die Gestaltung des Wandels beginnt sofort bei Projektstart, mit den richtigen Leuten, zu den richtigen Themen und mit den richtigen Aufgaben. Das initialisiert professionell, weil die relevanten Fragen alle besprochen und geklärt sind, bevor man richtig Aufwand treibt. Und es mobilisiert, macht Lust und erzeugt die Bereitschaft, die Veränderung mit zu treiben und erfolgreich zu realisieren.

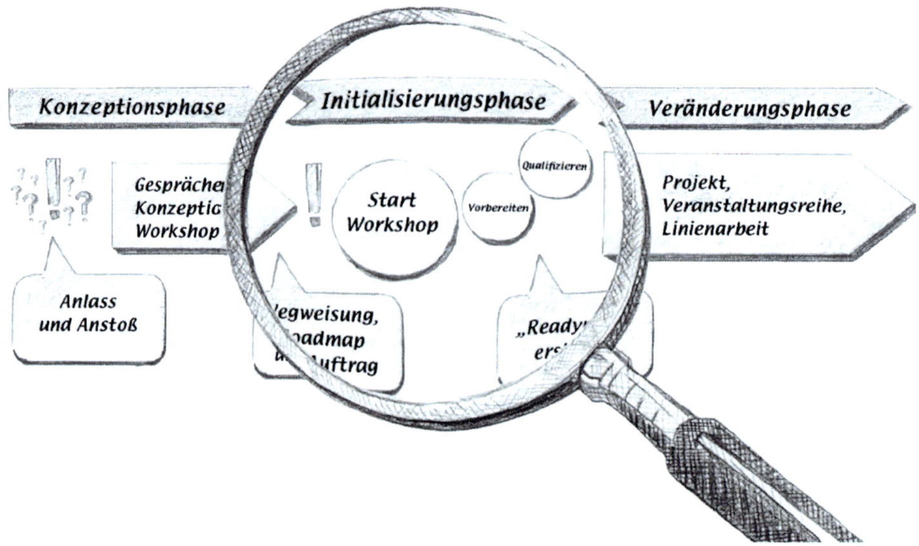

Abb. 29: Fokus Initialisierungsphase

Wen nimmt man mit und warum?

Wenn den Entscheidern klar ist, welche Gestalt das Vorhaben in etwa annehmen soll, ist die Frage, mit welchen schlauen Köpfen man die Themenlandschaft aufbaut. In der Praxis werden damit manchmal Praktikanten oder Professoren betraut. Oder man setzt sich selbst hin... Das kann inhaltlich schon funktionieren, aber die Akzeptanz läuft einem ebenso davon, als wenn man ein externer Consultant wäre.

Besser ist, gerade die Erfahrenen zum Thema einzuladen und mit ihnen zusammenzutragen, an welchen Themen in diesem Projekt gearbeitet werden muss. Erstens sind das alle Führungskräfte der betroffenen Bereiche. Zweitens die Meinungsmacher und Experten.

Und drittens jemand von der Personalvertretung. Das finden wir wichtig und haben es ausnahmslos als äußerst fruchtbar erlebt, denn wenn Betriebsräte von Anfang an integriert sind, fällt ihre Interessenvertretung sehr viel kooperativer und verständnisreicher aus, als wenn sie unter Zeitdruck mit fertigen Beschlüssen konfrontiert werden. Der persönliche Kontakt, der auf dieser Veranstaltung unter den Teilnehmenden entsteht, ist eine eigene Intervention. Viele Organisationen sind zu Beginn von Projekten mit ihren Problemen steckengeblieben. Aber zwei, drei Tage in einer guten Umgebung zusammen zu sein, bringt die Kommunikation wieder in Fluss, macht Mut, in den wechselseitigen Kooperationswillen zu vertrauen, und schürt Hoffnungen auf gute Lösungen.

Eine Projektthemen-Landschaft entsteht

Das wichtigste Element, damit eine solide Projektthemen-Landschaft entsteht ist, die Erfahrungen aus dem Arbeitsalltag abzugreifen. Das ist eine Moderation von zwei, drei Stunden. Und es entsteht eine Liste mit allem, was geklärt, bedacht und angepackt werden muss. Und weil sie gemeinsam entsteht, ist das Verständnis groß, hohe Akzeptanz wahrscheinlich und Handlungsbereitschaft eher wahrscheinlich, als auf den anderen Wegen.

Zwei Filialen ehemals zweier verschiedener Banken müssen die Fusion ihrer Gesellschaften nachvollziehen. Dazu kommen die Direktoren und Bereichsleiter an einem Nachmittag im Konferenzraum einer Geschäftsstelle zusammen. Als erstes werden alle Anwesenden gebeten, doch mal ihre Meinung zur anstehenden Fusion sozusagen „auf den Punkt zu bringen". Die Besorgten beklagen die Unklarheiten der neuen Struktur, den Verlust von Titeln (Prokura) und Jobs, die spärliche Informationspolitik und den Mangel an Gestaltungsmacht. Doch ebenso viele strahlen Optimismus aus und beschreiben die neuen Chancen, die stärkere lokale Wettbewerbsposition, die Möglichkeiten zum effektiveren Personaleinsatz, die Bündelung der Marketinginvestitionen.

Zu Beginn halten sich Optimismus und Skepsis also die Waage. Nachdem danach aber systematisch alle Themen eingesammelt waren, die beim Zusammenziehen eine Rolle spielen mussten, sahen die Beteiligten Land. Die Themen wurden in kleinen Gruppen auf Karten notiert und dann strukturiert. So entstanden zwölf Themenbereiche: Welche Kultur wird die neue „Leitkultur" der fusionierten Filialen? An welchem Standort findet das statt? Wie sieht die neue Aufbauorganisation aus? Und vieles andere mehr. Später wurden die zwölf Themen in eine Bearbeitungsreihenfolge gebracht und Teilprojekte zusammengestellt. So entstand eine Arbeitsgrundlage, auf deren Basis das Verschmelzungsprojekt geplant und gesteuert werden konnte, und zwar mit hohem Engagement all derer, die an diesem kurzen Workshop dabei gewesen waren.

In größeren Veränderungsprozessen wird man die Sicht der betroffenen Führungskräfte um weitere Blickwinkel erweitern. Welche Quellen man – neben der Erfahrung der Betroffenen – beim Erstellen des Themenkatalogs noch alles anzapfen kann, zeigt dieses Bild:

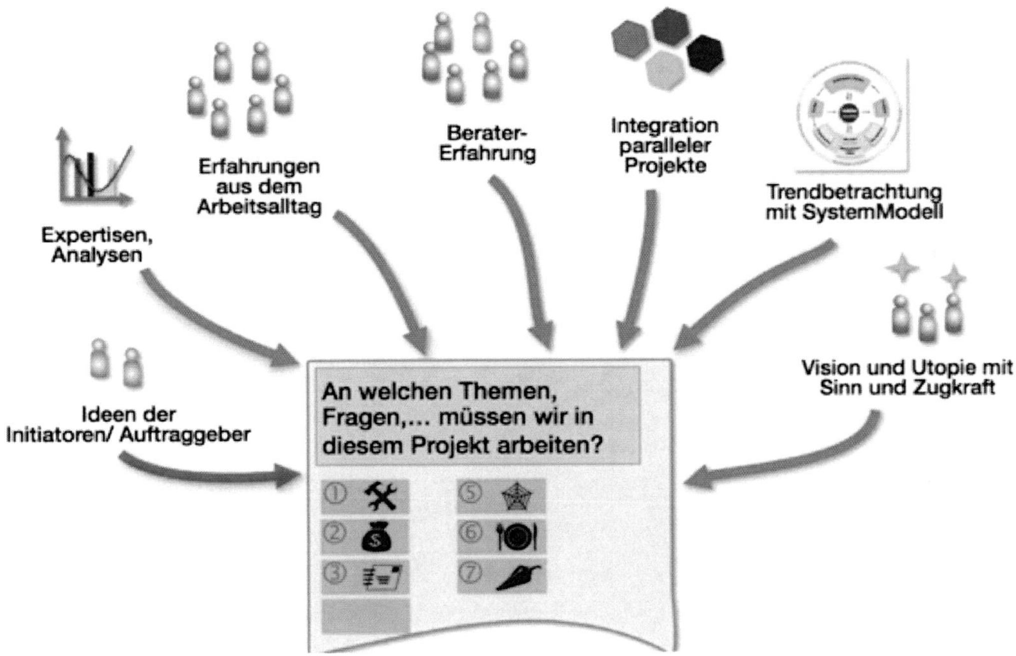

Abb. 30: Quellen der Themenlandschaft

Natürlich fließen zu Beginn die Ideen und Vorstellungen der Initiatoren ein, denn gerade, was die Entscheider wollen, muss allen klar sein. Daneben gibt es vielleicht Studien, Expertisen oder Trendforschungen, die man zur Kenntnis nehmen muss. Zu vielen Fragestellungen gibt es wissenschaftliche Expertisen und Analysen, die herangezogen werden können. Bei großen Projekten lohnt es sich manchmal auch, ein externes Institut mit einer Marktforschungsstudie oder einer Trendstudie zu beauftragen. Und manchmal ist auch Beraterexpertise nützlich, um zu einer vollständigen Themenliste zu kommen. Manchmal sehen Berater einen Themenkatalog und finden, dass Themen fehlen. Denn obwohl am Start-Workshop viele Leute teilnehmen, fallen trotzdem Themen sozusagen unter den

Tisch (oder bleiben unterm Teppich). Entweder waren sie so allgegenwärtig, dass niemand mehr daran dachte, sie zu benennen oder aufzuschreiben, oder sie waren zu spannungsgeladen, und keiner hat sich getraut.... Dann ist es natürlich besser, wenn die Berater mit den Fettnäpfchen spielen. Darüber hinaus lohnt oft noch ein Blick in die Projektlandschaft des Unternehmens: Gibt es Projekte, die Berührungspunkte haben? In welchen Themen? Droht Doppelarbeit oder – schlimmer – Arbeit in verschiedene Richtungen? Denn kein Projekt ist jemals das erste und einzige in einem Unternehmen, schon gar nicht bei größeren Organisationen. Deshalb ist es wichtig zu wissen, welche weiteren Projekte gerade im Unternehmen laufen. Oft sind Schnittstellen zu berücksichtigen, Zuständigkeiten zu bereden oder Abgrenzungen zu schaffen.

Zwei weitere Quellen für Themen sehen wir uns genauer an: die Trendanalyse und die „Utopie".

Trends herausfinden

Für die Trendanalyse nutzen wir das SystemModell, das ab Seite 105 besprochen wurde. Nur stellt man nun andere Fragen:

> *„Wie werden sich die Dinge in unserer Branche in den kommenden fünf Jahren wohl entwickeln? Welche Trends sehen Sie in den jeweiligen Variablen auf unser Unternehmen zu kommen?"*

Wenn sich diese Analyse Entscheider und Führungskräfte vornehmen und sich fragen, was jede einzelne Trendhypothese für das geplante Projekt bedeuten könnte, ergeben sich in der Regel ein, zwei zusätzliche Themen, an die bisher noch niemand gedacht hatte. Oder bereits bestehende Themen werden ergänzt und präzisiert. Mit dem Blickwinkel „Zukunft" werden die Suchscheinwerfer sozusagen in Ecken der Themenlandschaft gerichtet, die vorher unbeleuchtet geblieben war.

"Das Überflüssige ist das Notwendige."
VOLTAIRE

Über den Tellerrand blicken

Den Visions- bzw. Utopiebaustein lieben wir bei unseren Startworkshops besonders, weil er häufig freilegt, was der „gute Geist“ oder tiefere Sinn der Veränderung sein kann. Dazu bildet man eine oder mehrere kleine Gruppen und gibt Ihnen als Szenario:

„Stellen Sie sich vor, heute ist in drei Jahren. Unser Projekt ist sensationell erfolgreich über die Bühne gegangen und realisiert worden. Und heute erhalten wir als Unternehmen einen bedeutenden Europäischen Unternehmerpreis dafür.

Nehmen Sie sich eine halbe Stunde, um die Laudatio vorzubereiten. Und dann tragen Sie sie vor der Gesamtgruppe vor – als Vortrag, als Präsentation, als Sketch, wonach Ihnen auch immer ist. An diesen Fragen können Sie sich orientieren...“

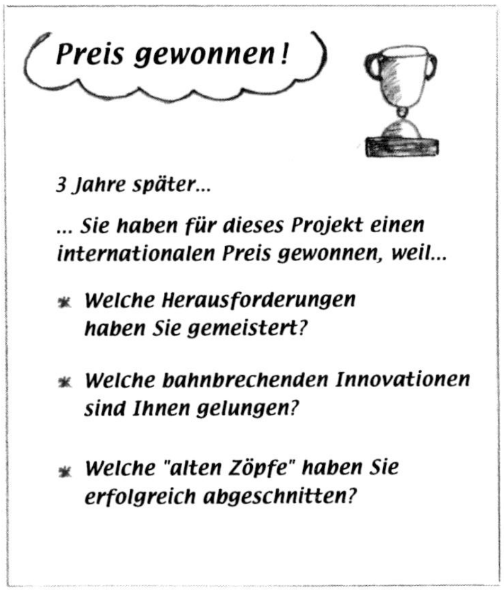

Abb. 31: Anleitung zum Blick in die Zukunft

Hinterher sammeln wir mit allen zusammen ein, welche Aspekte, Ideen, Inspirationen oder Befürchtungen sie mit dem Gehörten und Gesehenen assoziieren, schreiben es als Brainstorming aufs Flipchart und checken, ob ein Aspekt ein Thema der Themenliste ergänzt oder gar neu hinzu fügt. Durch diesen Schritt sind Themenlisten immer ergänzt oder erweitert worden, so dass es sich nicht nur fürs Vergnügen, sondern immer auch für die Validität der Themenlandschaft gelohnt hat.

GAP-Analysis und Vernetzungstechnik

Die Themenkataloge, die auf Start-Workshops entstehen, basieren im günstigen Fall auf drei oder vier Quellen und werden damit sehr umfassend in dem Sinn, dass nichts Wichtiges mehr fehlt. Es entstehen oft zwischen 15 und 20 Themen, die auf verschiedene Weise wichtig sind und ihren Platz im Katalog gefunden haben.

Wenn man diese Themen nun miteinander vernetzt oder einer „GAP-Analysis“ unterzieht, bringt das Struktur und Übersicht in die Landschaft. Einerseits entsteht Verständnis dafür, wie Themen zusammenhängen. Man kann erahnen, wie sie sich gegenseitig beeinflussen werden, wenn man Lösungen erarbeitet. Das ist sehr ökonomisch, denn wenn man alle Themen im Zusammenhang im Blick hat, werden mögliche Ziel- und Lösungskonflikte schnell klar. Wenn man die Themen unvernetzt eines nach dem anderen bearbeiten würde, wären parallele Entwicklungen in verschiedenen Projektgruppen bzw. konträre Ideen gar nicht zu vermeiden.

Manchmal ist die Themenlandschaft nicht so komplex, als dass sich die große Variante der Vernetzungstechnik lohnen würde. Dafür gibt es zwei alternative Vorgehensweisen, die weniger Zeit brauchen und dennoch gute Orientierung geben: „GAP-Analysis“ und „Vernetzung light“.

Der schnelle Überblick: GAP-Analysis

Oft sind es zehn bis fünfzehn Themen, die den Katalog der Projektthemen füllen. Doch nicht alle sind gleich dringend und nicht alle sind gleich bedeutend. Nun könnte man mit einfachem Ranking eine Reihenfolge in die Bearbeitung bringen, doch wir arbeiten lieber mit einem Instrument, das aus der Entscheidungstheorie kommt: Die Gap-Analysis (gap = Lücke) stellt zwei Fragen:

1. Wie wichtig ist das Thema, z.B. auf einer Skala von 0 bis 10, für die Stakeholder?
2. Wie strittig oder unklar ist das Thema noch, wieder auf einer Skala von 0 bis 10?

Strittig ist ein Thema, wenn konträre Interessen im Spiel sind, die nicht leicht miteinander versöhnt werden können und unklar ist es, wenn man noch viel zu wenig weiß, um abschätzen zu können, welches Fass man damit aufmacht.

Aus den Bewertungen pro Thema kann man dann ein Portfolio bauen, das die Lage der Themen nach Wichtigkeit und Strittigkeit, also dem GAP zum Idealzustand sichtbar macht; die Bearbeitungsreihenfolge geht dann von rechts oben nach links unten. Das heißt: Die dicksten Bretter werden zuerst gebohrt, denn von ihnen hängt meistens auch ab, welche Lösungen für die anderen Themen möglich sind.

Eine Bank hat z.B. darüber nachgedacht, ihr Kantinensystem auf ein zeitgemäßeres Catering umzustellen. Doch erst als geklärt war, wie die Kosten pro Essen zwischen Unternehmen und Mitarbeitenden geteilt werden und was mit den bestehenden Kantinenmitarbeitern geschieht, konnte kreativ über neue Verpflegungsvarianten nachgedacht werden. Diese Themen waren den teilnehmenden Mitgliedern im Lenkungsausschuss die wichtigsten und gleichzeitig die strittigsten.

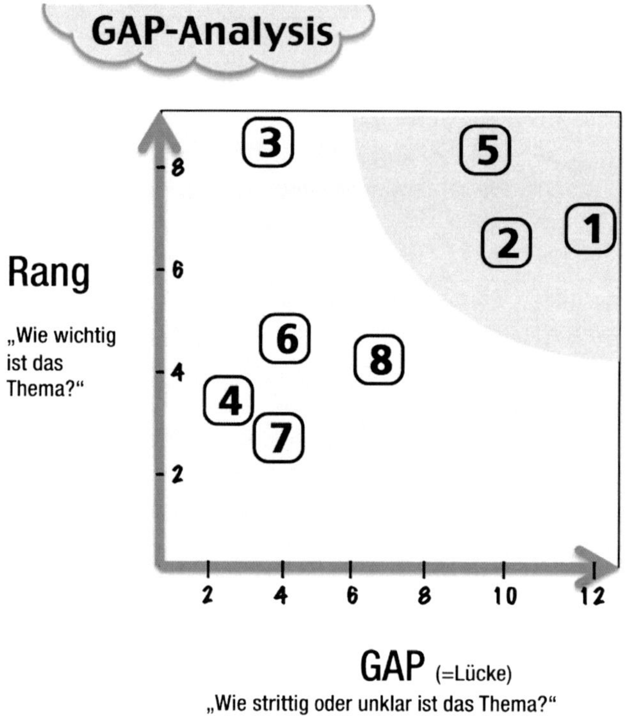

Themenliste

1 Wer trägt die Kosten der Umstellung?
2 Welche Betriebsmodelle passen in ein neues Konzept?
3 Welche Qualitäts-Standards müssen erfüllt werden?
4 Welche Zielgruppen muss das neue Konzept bedienen?
5 Wie wird mit den aktuellen MitarbeiterInnen umgegangen?
6 Welche Bandbreite von Fastfood bis „edel“ soll es geben?
7 Wie müssen MitarbeiterInnen für die neuen Aufgaben qualifiziert werden
8 Welche Produkte sollen angeboten werden?

Abb. 32: GAP-Analysis

Wenn man nun beginnt, für diese Themen den „Lösungsraum“ zu finden, also die dicksten Bretter zuerst bohrt, dann bekommen alle anderen Themen den richtigen Rahmen und man eiert in den Projektgruppen nicht lange herum, sondern weiß, wo's lang geht. Für die zwei, drei entscheidenden Themen müssen die zwei, drei Hauptentscheider miteinander reden und auf den Punkt kommen. Erst dann macht der Start der weiteren Projektarbeit überhaupt Sinn. Doch die meisten Projekte arbeiten lange im hypothetischen Raum und an ihren unscharfen Ergebnissen zeigt sich die Unklarheit der strittigen Themen. Wenn Sie also auf Effizienz in der Projektarbeit Wert legen, dann treffen Sie die notwendigen Richtungsentscheidungen, bevor mit der Detailarbeit begonnen wird.

Vernetzung light

Die Light-Variante der Vernetzung eignet sich für Situationen, wo man mit einer übersichtlichen Themenliste in der Hand entscheiden muss, womit man sinnvollerweise beginnt.

Wenn man etwa einen Kongressauftritt vorzubereiten hat, stellen sich Fragen wie

- Welche Inhalte wollen wir darstellen?
- Welche Zielgruppen wollen wir erreichen?
- Wie viel Geld können wir ausgeben?
- Welche Medien können wir einsetzen?
- Welche Leute können mithelfen?
- ... und andere mehr.

Aus dieser Liste mit vielleicht zehn oder fünfzehn Themen suchen Sie nun zunächst die zwei oder drei heraus, die Sie so einschätzen, dass sie wohl alle andern beeinflussen werden. Beeinflussen heißt: wenn zum Thema A etwas klar wird, muss sich Thema C und E danach richten. Wenn man beim Kongressbeispiel also klar hat, welche Zielgruppe man erreichen will und wie viel Geld man ausgeben kann, müssen sich die Fragen nach Medien, Unterstützung usw. unterordnen. Und auch die Inhaltsfrage ist davon abhängig, wen man ansprechen will. Solche Zusammenhänge haben die meisten Menschen sehr intuitiv klar, man muss sie nur eins nach dem anderen veranschaulichen und visualisieren.

Das können Sie so machen, dass Sie alle Themen einzeln aufschreiben und die zwei oder drei, die Sie für die Hauptbeeinflusser halten, auf einer Pinwand in die Mitte stecken. Die anderen gruppieren Sie dann darum herum. Eher intuitiv und näher oder entfernter, je nach der vermuteten Nähe oder Distanz der Themen zueinander. Im zweiten Schritt zeichnen Sie dann die wichtigsten Beeinflussungen als Pfeile ein. Auf diese Weise entsteht ein Bild, das mit gutem Gefühl entscheiden lässt, mit welchen Themen man am Besten zu arbeiten beginnt und welche besser erst später bearbeitet werden. Diese Vernetzung-light dauert in der Regel kaum länger als 10 Minuten.

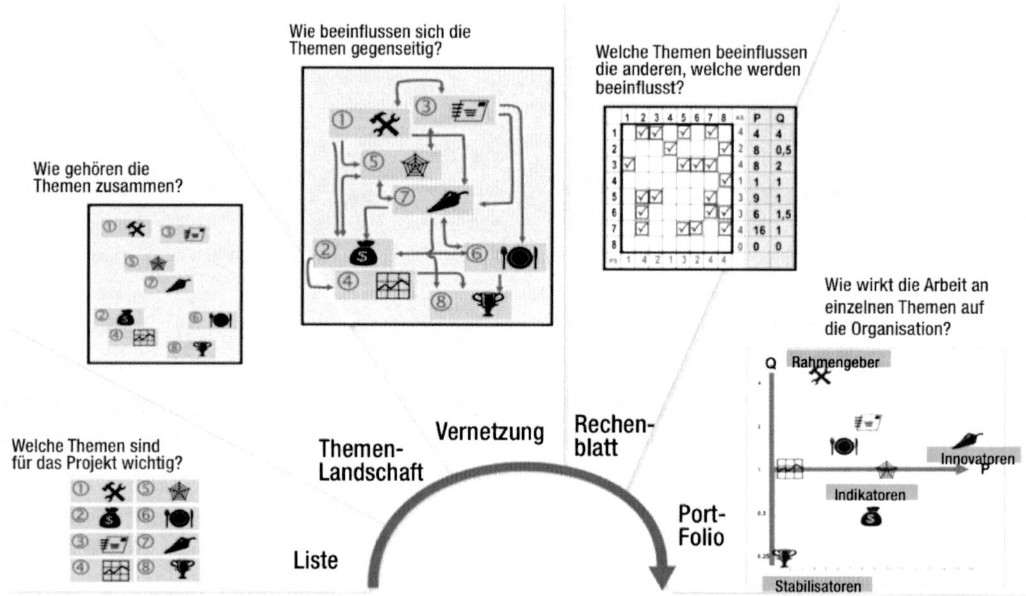

Abb. 33: Vernetzungstechnik Überblick

Die Vernetzungstechnik

Der große Vernetzungsprozess ist für alle Beteiligten ein prägendes Erlebnis, weil ein Gesamtbild der Veränderung in der Organisation in den Köpfen der Beteiligten entsteht, und ein tiefgreifendes Verständnis dafür, wie die Dinge in einer Organisation wirklich zusammenhängen. Es wird dabei sehr sorgfältig jedes Thema mit jedem anderen in Beziehung gesetzt, und davon entsteht ein Bild. Aus der Anzahl der jeweiligen Einflussnahmen erstellen wir dann ein Portfolio, das als Grundlage für die Konstruktion von Teilprojekten dient. Zu komplexeren Themen lohnt es sich also, eine fundierte Vernetzung durchzuführen. Ziele sind, dass brauchbare Bearbeitungsreihenfolgen und eine gemeinsame Sicht auf die Themenlandschaft mit ihren Zusammenhängen und Wechselwirkungen entstehen. Methodisch startet die Vernetzung ebenso wie Vernetzung-light. Nur wird dann ganz systematisch jedes Thema mit jedem anderen verknüpft, mit der Frage, ob und wie ein Thema das jeweils zweite beeinflusst. In unserem Bankfilialen-Fusionsbeispiel: Wirkt sich „die neue Unternehmenskultur" auf das Thema „Standortwahl" aus? Klar, denn Plätze sind verschieden geeignet, Kultur zu transpor-tieren. Also wird ein Pfeil von Thema 1 nach Thema 2 gezogen. Und zurück? Auch klar: ein Standort definiert auch, wie Kultur z.B. von Kunden wahrgenommen wird. So geht man dann konsequent der Reihe nach vor, bis alle möglichen Themenverbindungen durchgegangen sind. Bei guter Übung der Moderatoren und etwa 15 Themen dauert so ein Prozess etwa eine Stunde. Man achtet im Gespräch unter den Teilnehmenden auch darauf, dass nicht jede mögliche, sondern nur die wirklich wichtigen Verbindungen eingezeichnet werden. Das führt dazu, dass man immer mal wieder miteinander klären muss, was denn nun „wirklich wichtig" gerade bedeutet. Aber genau dieses Gespräch ist nötig dafür, dass die gemeinsame Sicht aufs Problem in seinem Umfeld wachsen kann.

Als Bild entsteht eine ‚Leiterplatte' wie in der Abbildung 34. Später zählt man dann die aus- und eingehenden Verbindungspfeile pro Thema. So entsteht zu jedem Thema ein Zahlenpaar, das den Grad von Aktivität bzw. Passivität angibt.

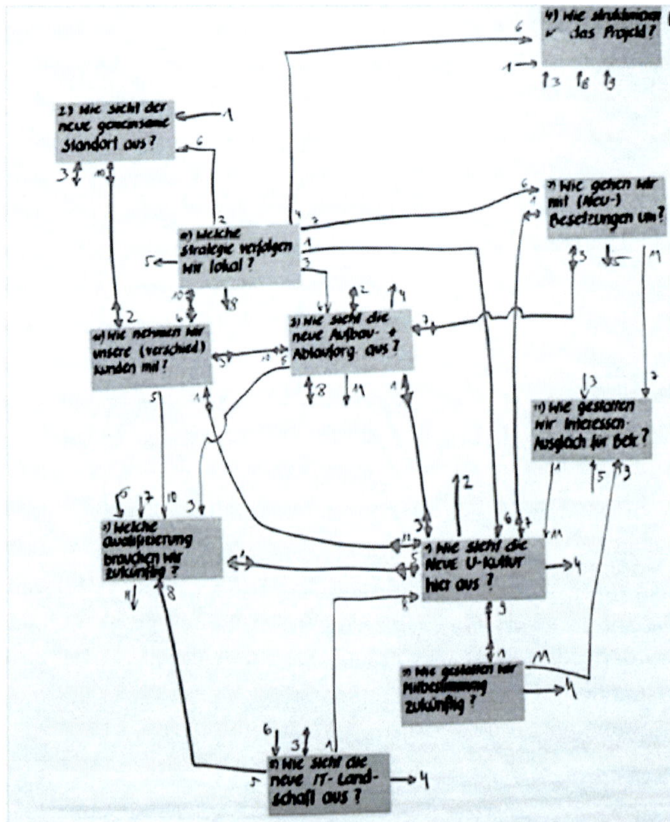

Abb. 34: Vernetzungstechnik

- Ist das Thema aktiv, dann hat es deutlich mehr ausgehende Pfeile als eingehende, beeinflusst also mehr andere Themen, als es selbst beeinflusst wird.
- Ist das Thema passiv, dann überwiegen die eingehenden Pfeile.
- Interaktiv nennen wir Themen, in denen die ein- und ausgehenden Pfeile ungefähr gleichviele sind.

Die Arbeit an den Themen beginnt dann natürlich mit den aktivsten, und oft sind die passiven Themen schon mitbearbeitet oder zumindest deutlich definiert, wenn man die Hälfte der aktiven Themen bearbeitet hat.

Das Themen-Portfolio

In komplexeren Veränderungsprozessen gehen wir noch einen Schritt weiter. Die Vernetzung selbst umfasst bei umfangreicheren Projekten auch mal 20 und mehr Themen. Das führt man dann besser mit einer kleinen Gruppe von fünf, sechs Personen durch, die nicht in Panik geraten, wenn man zwei Stunden lang hochkonzentriert und temporeich fast vierhundert Checkfragen durcharbeitet. Der Prozess beginnt wieder mit der Vernetzungstechnik, aber die Ergebnisse bilden wir in einem Portfolio ab. Aus der Anzahl ausgehender und eingehender Beeinflussungen bilden wir pro Thema zwei Zahlenwerte: Die Aktivsumme addiert die ausgehenden Pfeile, die Passivsumme die hereinkommenden. Daraus bilden wir nun für jedes Thema zwei Werte: P für das Produkt und Q für den Quotienten aus Aktiv- und Passivsumme.

Der Wert P sagt etwas über den Vernetzungsgrad eines Themas aus. Je höher P ist, umso verstrickter ist das Thema mit der ganzen Organisation. Das bedeutet, dass die Arbeit an den Themen mit dem größten P-Wert auch die größten Auswirkungen auf die gesamte Organisation haben wird und dort am meisten in Bewegung bringen kann. Viele nennen das dann die „heißen Themen" der Organisation, mit Glanz in den Augen und einem Anflug von Jagdfieber. In unserem Fusionsbeispiel der Bankfilialen waren das die neue Kultur und die neue Aufbauorganisation.

Der zweite Wert Q, gebildet aus dem Quotienten von Aktivsumme und Passivsumme, gibt an, wie steuernd oder regulierend die Arbeit an diesem Thema auf andere Themen wirken kann. An diesem Thema zu arbeiten steuert also die möglichen Antworten bei anderen Themen, aber es selbst wird nicht oder nur wenig gesteuert. Diese Themen geben den Rahmen, stecken sozusagen den Claim ab.

In einer Grafik, die wir Projektportfolio nennen, wird sichtbar und besprechbar, was die Arbeit an unterschiedlichen Themen für die Organisation bedeuten würde. Wenn man darüber eine gute Ahnung hat, kann man im Projekt viel besser einschätzen, welche Themen viel Wirbel machen, welche viel Unruhe bringen, welche Themen die Organisation auf Trab bringen werden. Und wie man die stark bewegenden Themen einbetten, flankieren und puffern kann, damit die Veränderung nicht zu schnell wird oder die Organisation heiß läuft

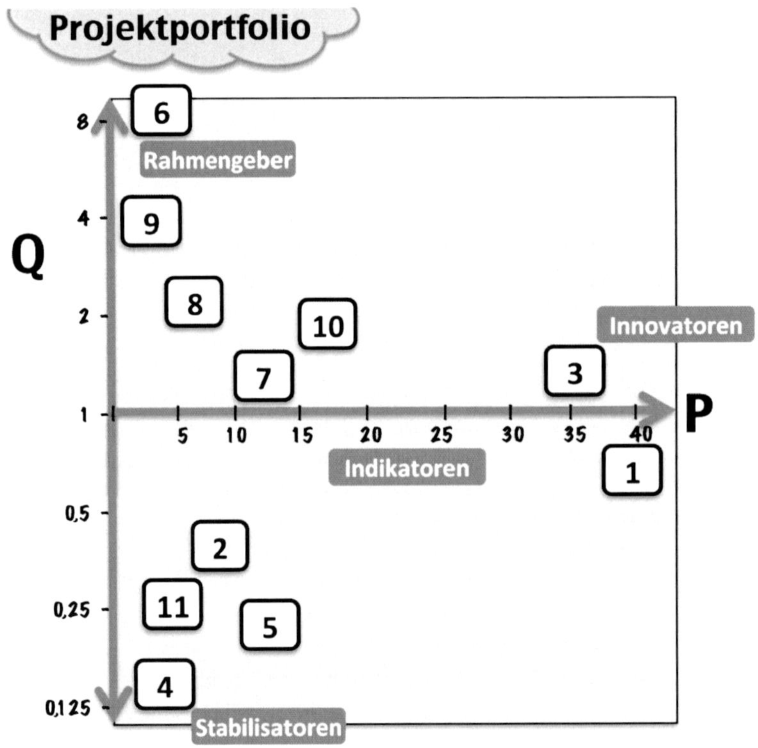

Themenliste

1 Wie sieht die neue Unternehmens-Kultur aus?

2 Wie sieht der neue gemeinsame Standort aus?

3 Wie sieht die neue Aufbau- und Ablauforganisation aus?

4 Wie strukturieren wir das Projekt?

5 Welche Qualifizierungen brauchen wir zukünftig?

6 Welche Strategie verfolgen wir lokal?

7 Wie gehen wir mit Um- und Neubesetzungen um?

8 Wie sieht die neue IT-Landschaft aus?

9 Wie gestalten wir Mitbestimmung zukünftig?

10 Wie nehmen wir unsere bestehenden Kunden mit?

11 Wie gestalten wir den Interessen-Ausgleich für die Betroffenen?

Abb. 35: Projektportfolio

Die Arbeit mit dem Projektportfolio

Als wir begannen mit dem Projektportfolio zu arbeiten, fragten wir uns bald, ob man den Plätzen in diesem Portfolio sinnvolle Namen geben könnte. Wir hatten nämlich die Ahnung, dass diese Plätze etwas darüber aussagten, welche „kybernetische Rolle“ einzelne Themen für die Organisation spielen. Mit anderen Worten: welcher Art ist die Wirkung oder der Einfluss auf eine Organisation, wenn man an bestimmten Themenkombinationen arbeitet?

Die Ursprungsidee von Vernetzung und Portfolio haben wir, wie viele andere auch, von Frederic Vester und seiner Münchner Studiengruppe Biologie und Umwelt gelernt. Von ihm stammen auch die Rechenregeln und die Idee, das Ganze in einer Portfoliografik abzubilden. Vernetzung wurde aber bereits in den achtziger Jahren auch von anderen praktiziert, allen voran H. Ulrich und G.J.B. Probst von der Hochschule St. Gallen. Ihre Bücher „Anleitung zum ganzheitlichen Denken und Handeln“ und später dann (mit Peter Gomez) „Vernetztes Denken“ sind neben Vesters „Neuland des Denkens“ von 1980 immer noch Standardwerke der angewandten Kybernetik.

Wir begannen uns aber bald, von den Vordenkern zu lösen, weil wir das Vernetzen von Ergebnissen (statt von Fragen oder Themen) für zu spät hielten. Und wir wollten auch mit Leuten Vernetzungen erstellen, die eher pragmatisch und konkret an die Dinge herangehen und mit Kybernetik keine Lustgewinne verbanden. So haben wir die Verfahren unseren Bedürfnissen angepasst und gelernt, das Portfolio auf Projektnutzen hin zu interpretieren.

Was wir entdecken konnten, kam uns sehr nützlich vor, um zu verstehen, wie Projekte scheitern oder vorankommen. Wir lernten, wie Widerstand entsteht und wie man verändernde und bewahrende Kräfte so einbeziehen kann, dass Projekte in der richtigen Intensität und Geschwindigkeit vorankommen. Die Veränderung darf ja nicht so schnell sein, dass die Vorsichtigen permanent an der Notbremse hängen, aber eben auch nicht so langsam, dass die Ambitionierten abspringen, die Lust verlieren, und das Gefühl bekommen, nichts bewegen zu können.

Themenrollen – Menschenrollen – Systemrollen

Die vier Plätze im Projektportfolio haben wir Innovatoren, Stabilisatoren, Rahmengeber und Indikatoren genannt. Zunächst haben wir die vier nur als kybernetische Begriffe gesehen, als Namen für die Plätze der Themen und ihrer Wirkung auf das System Unternehmen. Doch bald wurde uns klar, dass bestimmte Themen immer auch von Personen vertreten werden. Zu Beginn glaubten wir auch, dass der unterschiedliche Charakter von Menschen ihre Rollen in Projekten definieren würde. Doch dann fanden wir heraus, dass, wenn eine Person das System verließ, bald eine andere diese Funktion einnahm. Damit war der Begriff der Systemrollen im Spiel: Es geht also um Aufgabenstellungen (oder Funktionen), die in jedem System in Veränderung erfüllt und bedient sein wollen, damit eine gesunde und ganzheitliche Entwicklung möglich wird. So muss man mit seinen Persönlichkeitsmerkmalen sicher mehr oder weniger zu einer Systemrolle passen, und die ganz Introvertierten werden eher selten die Innovatorenrolle einnehmen. Aber wenn – wie beim Fußball – die Stürmer ausfallen, dann muss das Mittelfeld diese Aufgabe mit übernehmen. Man ist also kein Innovator oder Stabilisator, sondern man macht halt einen. Denn der Kontext bestimmt das Verhalten.

Welche Systemrollen gibt es?

- *Innovator*
- *Stabilisator*
- *Rahmengeber*
- *Indikator*

Wofür sorgen sie?

- *Gleichgewicht im System (Projekt, Organisation)*
- *Ausgleich von sachlichen und emotionalen Interessen*
- *eine ganzheitliche Sichtweise*

Was ist zu beachten?

- *Alle Rollen werden immer besetzt*
- *Rollen können mehr oder weniger gut wahrgenommen werden*
- *Werden Rollen ungenügend wahrgenommen führt dies zu Spannungen im System*
- *Wer welche Rolle einnimmt hängt von der Notwendigkeit und der Neigung ab und geschieht unbewusst*

Was beschreiben sie nicht?

- *Persönlichkeitsprofile*
- *Kategorien von Menschen*

Abb. 36: Systemrollen Übersicht

Bei den vier Systemrollen sieht das nun konkret so aus:

Innovatoren sind diejenigen Themen, die hoch vernetzt (großes P) und eine leicht steuernde Komponente (Q größer als 1) haben. An diesen Themen zu arbeiten verändert viel im Unternehmen, was aber nicht zwingend positiv sein muss. Dieses Feld birgt Chancen und Risiken, weil jede Innovation eine Zeitlang Wertschöpfung kostet. Innovatoren als Personen sind die Menschen, denen die innovatorischen Themen bevorzugt einfallen. Und denen ist auch sonst ab und zu danach, ein paar Bäume auszureißen. Menschen als Innovatoren wirken auf Fortschritt und Veränderung hin. Sie wollen ihre Ziele und Ideale verwirklichen. Sie benötigen viel Anerkennung für ihr Tun und haben in ihren Aktionen eine hohe Geschwindigkeit. Sie scheuen Risiken eher wenig. Das einzige, was sie wirklich fürchten, ist der Stillstand und die Langeweile.

Das zweite Feld – im Portfolio links unten – ist das der Stabilisatoren. An diesen Themen zu arbeiten, stabilisiert ein Projekt, hält die Ordnung im Unternehmen aufrecht. An solchen Themen zu arbeiten verändert nicht substanziell, sondern verbessert Wirkungsgrade, lässt Bestehendes reifen. Wenn Menschen als Stabilisatoren wirken, wollen sie Bewährtes behalten und schützen. Sie haben ein Bedürfnis nach Sicherheit und Kontinuität. Sie erden Veränderungen und wollen das Gute erhalten. In ihrer Energie sind sie eher zuverlässig, ruhig und langsam.

Rahmengeber sind Themen, die sozusagen den Rahmen abstecken. Die Fragen um die Identität, die Strategie, die Philosophie, die Werte, aber auch um Internationalität, um finanzielle Grunddaten gehören oft zu den rahmengebenden Themen. Den Menschen, die diese Blickwinkel verkörpern,v ist Struktur und Organisation wichtig. Sie denken in Zusammenhängen und Strategien. Die Sicherung der eigenen Macht spielt in ihrem Verhalten eine große Rolle. Sie haben Angst vor Kontrollverlust. Sie sind eher abwägend als vorauseilend.

Die Themen in der Mitte mit mittlerer Vernetztheit und ausgeglichenem Einflussnehmen und Beeinflusstwerden nennen wir Indikatoren, weil sie anzeigen (indizieren), in welchem Zustand eine Organisation ist. Oft sind die Themen, die im Feld der Indikatoren landen, die Symptomthemen der Organisation. Schlechte Motivation, Informationsdefizite, hohe Fluktuation sind in der Regel Indikatorenthemen. Die menschlichen Indikatoren haben ein hohes Bedürfnis nach Harmonie und Ausgleich. Sie achten auf Qualität, arbeiten gern im Team und haben darin oft eine Integrationsfunktion. Sie glätten Konflikte und sind leicht persönlich betroffen.

Innovator

Funktion:
Stellt sicher, dass

- ***sich das System verändert***
- ***Kreativität ihren Platz hat***
- ***die Organisation Neues aufnimmt***

...durch:

- ***neue Ideen***
- ***um die Ecke denken***
- ***Leute mitreißen + begeistern***
- ***Veränderung initiieren***
- ***Konflikte austragen***
- ***Risiken eingehen***

Verhindert:
**** Stagnation / Stillstand***

Stabilisator

Funktion:
Stellt sicher, dass

- ***Ordnung entsteht / besteht***
- ***die Organisation auf dem Boden bleibt***
- ***Dinge zuende geführt werden***
- ***auf Details geachtet werden***

...durch:

- ***planen***
- ***kontrollieren***
- ***verlangsamen***
- ***Bewährtes bewahren***

Verhindert:
**** das Chaos***

Abb. 37: Innovator und Stabilisator

Die Indikator-Themen haben häufig Veränderungsprozesse ausgelöst oder erste Anstöße gegeben. Wie oft entstehen Veränderungspakete um „Informationsfluss verbessern!“ oder „Wir müssen kreativer werden!“. Und oft formulieren die Menschen mit Leidensdruck die Symptome als Themen. Aber wir empfehlen, mit diesen Themen nicht zu früh zu arbeiten, weil Symptome in der Regel nicht direkt geheilt werden können, sondern grundlegender behandelt werden müssen. Erst wenn es durch ein Projekt gelingt, dass Arbeit wieder Spaß macht, neu Sinn gibt und eine gute Ordnung findet, hat man gewonnen. Wenn die jeweils ausgeprägtesten Innovator-, Rahmengeber- und Stabilisatorthemen zur Lösung und zum Wirken kommen, dann richten sich die Indikatoren übers Jahr von selber wieder ein. Und das kann man dann gut begleiten lassen und die ein oder andere Unterstützung geben, wenn es die Systemökologie stabilisiert.

Rahmengeber

Funktion:
Stellt sicher, dass

- ***das System eine Identität hat***
- ***Strategien einen Sinn haben***
- ***langfristig gedacht wird***

...durch:

- ***Strategien entwerfen***
- ***Interessen ausgleichen***
- ***Überblick schaffen***

Verhindert:
****** dass der Sinn verloren geht***
****** dass Identität zerfällt***

Indikator

Funktion:
Stellt sicher, dass

- ***Warnsignale im System beachtet werden***
- ***Menschen integriert und wahrgenommen werden***

...durch:

- ***Bedürfnisse ausgleichen***
- ***allparteilich sein***
- ***zuhören, spiegeln, ansprechen***

Verhindert:
****** dass Konflikte eskalieren***

Abb. 38: Rahmengeber und Indikator

So eine Projektkonstruktionsarbeit mit der Themengenese, mit guter Beteiligung, mit ordentlicher Vernetzung, mit dem Themenportfolio und mit den Themenrollen-Menschenrollen dauert in der Regel nicht länger als zwei Tage. Sie bildet das tragfähige sachliche und soziale Fundament für Projekte, die eine Organisation oft über ein Jahr lang beschäftigen, ein paar hundert Leute betreffen und meist auch eine existentielle Bedeutung für eine Organisation haben.

Kaum eine Organisation wird heute älter als 25 Jahre, schrieb Arie de Geus in „The living company" (Harvard 1997). Und auch Größe schütze nicht davor, zugrunde zu gehen, gekauft und/oder filetiert zu werden. Aber gute Projekte, die Organisationen wirklich „gesünder", kraftvoller, anpassungs- und gestaltungsfähiger machen, sind die beste Überlebensversicherung für Unternehmen.

Kapitel Sieben

Den Veränderungsprozess organisieren

Oft sind Projekte so umfangreich, dass man sie besser in Teilprojekte gliedert. Wenn viele Mitarbeiter im Unternehmen intensiv betroffen sind und es darauf ankommt, sie mit ins Boot (und zum Rudern) zu bekommen, kommt man um professionelles Management von Kommunikation und Beteiligung nicht herum. Dazu installiert man eine eigene Gruppe, die ähnlich wie das Projektcontrolling, neben den fachlichen Teilprojekten her geführt wird. Eine gute Organisation der Verantwortungen und der Eskalationslinien, wenn der unvermeidliche Stress aufkommt, gibt einem Projekt die nötige Stabilität im Machtgefüge der Organisation. Darüber hinaus braucht das Projekt die nötigen Ressourcen, eine Espressomaschine und eine Selbsthilfegruppe für vernachlässigte Lebensgefährten.

Teilprojekte als Klärungs- oder Veränderungsaufträge

Zu Teilprojekten kann man auf verschiedene Weisen kommen. Man könnte einfach die einzelnen Themen aus dem Themenspeicher auf Arbeitsgruppen verteilen und loslegen. Das ist übliche Workshopmethodik – aber ein wenig einfallslos. Spannender ist, wenn man ins Portfolio schaut mit der Frage, wie sich verschiedene Themen aus dem Portfolio „intelligent" kombinieren lassen.

Der Unterschied ist wie im Kulinarischen: Man kann Mehl, Eier, Zucker und Milch auch einzeln verzehren, und das nährt genauso, wie ein leckerer Pfannkuchen. Aber das kulinarische Erlebnis ist sensationell verschieden. Mit dieser Metapher im Kopf suchen wir im Portfolio also nach „Gerichten": Themen also, die gut mit denselben Leuten in einer Projektgruppe bearbeitbar sind. Und das zweite Motto dabei heißt: Probieren geht über Studieren.

In einem strategischen Projekt in einer Hochschule waren einmal die Fragen „Wie fördern wir unsere Fähigkeiten zur internationalen Zusammenarbeit?" und „Wie stärken wir methodische Projektarbeit an der Hochschule?" zwei zentrale Strategiefragen. Das Teilprojekt, das daraus entstand, plante und vollzog dann einen internationalen Kongress in einem bestimmten Fachbereich. Das war „learning by doing" und auf viel breiterer Ebene ertragreich, als wenn man die Themen theoretisch untersucht und dann Maßnahmenpläne erarbeitet hätte.

Teilprojekte entstehen also, wenn man ein Veränderungsvorhaben in mehrere Arbeitspakete teilt, die zeitlich parallel und gut vernetzt die Erarbeitung von Lösungen betreiben. Bei solchen Teilprojekten gibt es zwei Arten: Die eine nennen wir Veränderungsauftrag. Diese Teilprojekte verändern die Organisation handelnd. Wenn man z.B. ein großes neues Bürogebäude plant, kann man im Vorfeld gut ausprobieren, ob Einzelbüros, Großräume, Teamräume oder Mischungen daraus die beste Lösung für die Arbeitsplatzgestaltung sind. Man mietet für eine Zeitlang die nötigen Flächen und lernt aus der handelnden Erfahrung viel über die Vor- und Nachteile der einzelnen Lösungen. Und das ist natürlich viel wertvoller, als ein Professorengutachten über die Arbeitsplatzbedürfnisse des homo laborans zu Beginn des 21. Jahrhunderts. Und zwar aus vielerlei Gründen:

1. Fachlich entstehen die nötigen Ergebnisse im Zuschnitt auf die leibhaftigen Menschen, die später damit leben müssen.
2. Sozial gesehen sind solche Unternehmungen Signale für eine vernünftige Beteiligung und
3. beginnt Veränderung im Kleinen und nimmt die Angst vor dem größeren Umsiedelungsprojekt oder vermittelt zumindest eine realistische Selbsteinschätzung dessen, was man sich zutrauen kann und wo die Grenzen sind.

Daneben gibt es aber auch Themenkomplexe, die man im Zusammenhang gründlich durchdenken muss. Solche Teilprojekte nennen wir **Klärungsauftrag**, begrifflich nicht zu verwechseln mit dem Klärungsprozess. Ein wichtiges Klärungsthema für eine Verwaltung war z.B. das ganze Fragenbündel „Auf welche Konsequenzen müssen sich Länderverwaltungen als Folge des politischen Zusammenwachsens in Europa einstellen?“.

Wenn klar ist, welche Themen gut zu Teilprojekten gebündelt werden können, erhält ein (vielleicht noch vorläufiger) Projektleiter den Auftrag, daraus Projektdesigns abzuleiten, die diese Fragen beantworten:

- Wie heißt das Teilprojekt?
- Auf welche Zielgruppen im Unternehmen wirkt es?
- Welchen Nutzen kann es stiften? Welchen Wertschöpfungsbeitrag könnte es leisten?
- Welche Herausforderung beinhaltet es?
- Welche Risiken hätte ein Scheitern?
- Welche Portfoliothemen beinhaltet es?
- Welche Ressourcen (Projektmitarbeiter, Zeit, Ausstattung, etc.) benötigt es?

Dann ist es Sache der Entscheider, die für das Gesamtprojekt die Verantwortung halten, auszuwählen, welche der Teilprojektideen verwirklicht werden und welche nicht. Aus der Kombination unterschiedlicher Teilprojekte entsteht dann ein gutes Gesamtpaket.

"Kleinigkeiten machen die Summe des Lebens aus."
CHARLES DICKENS

Aufgaben-, Zeit-, Ressourcenplanung

In den beauftragten Teilprojekten wird nun im Detail erarbeitet, welche Themen und Fragen geklärt werden müssen und welche Aufgaben sich daraus ableiten. Für die Umsetzung bzw. Bearbeitung dieser Aufgaben, braucht es ein wenig Organisation: Wer an welcher Aufgabe arbeitet und welcher Zeitaufwand dafür geplant wird, füllt entweder einen papierenen Kalender oder ein elektronisches Projektplanungstool. Dabei muss man die Aufwände für die Projektteammitglieder von den Zeiten unterscheiden, die zu beteiligende Mitarbeiter aus der Organisation einbringen müssen. Diese Einschätzung ist natürlich nur eine ungefähre Planung, da zu diesem Zeitpunkt eine präzise Schätzung noch nicht möglich ist. Expeditionen kann man schließlich nicht auf den Tag genau planen. (Das heißt, planen kann man schon. Aber es nützt einem nichts.)

Der heikelste Punkt in dieser Phase ist, dass innovative Projekte genau die Leute brauchen, die sich auch ohne das Projekt nicht langweilen. Manchmal werden aber jene genannt, die man sonst auch leicht entbehren kann. Wenn aber ein Teilprojekt nicht mindestens einen kraftvollen Leistungsträger zur Verfügung hat, dann wird daraus nichts. Ebenso wichtig ist, dass die Mitarbeiter eines Teilprojekts zum jeweiligen Thema, zu den Betroffenen und dem Umfeld auch passen müssen. Wenn man Erfolg haben will, darf man nicht fragen, wer gerade Zeit hat, sondern wer die oder der Beste für den Job ist.

„Wie müssen Mitarbeiter für Projektarbeit entlastet werden?“ lautet jetzt die Frage. „Gar nicht“, sagen wir. Sie müssen beauftragt werden. Das ist nicht nur sprachliche Spielerei, sondern sorgt dafür, dass die Arbeit am Projekt klarer Anteil der Arbeit eines Bereichs wird. Sonst bekommen sie nachgerufen, wenn sie Richtung Projektzimmer gehen „Schönen Urlaub noch!“

In größeren Projekten, in denen wir mitwirken, empfehlen wir für Projektmitarbeiter einen Zeitansatz von zwischen 30% und 50%, für Teilprojektleiter zwischen 50% und 80% und für den Gesamtprojektleiter 100%. Größere Projekte heißt dabei: mehr als 20 Projektmitarbeiter, mehr als 5 Teilprojekte, mehr als ein paar hundert Betroffene.

So eine klare Beauftragung in trockene Tücher zu bringen, ist ein ziemlicher Organisationsaufwand, weil auch die Aufgaben, die von den Projektleuten jetzt nicht mehr gemacht werden können, neu verteilt werden müssen. Wenn die Projektverantwortlichen aber hier bei Projektbeginn versäumen, sehr klar die Weichen zu stellen, gehen sie später ziemlich schweren Zeiten entgegen. Im weiteren Projektverlauf, wenn die Arbeitsbelastung und der Stress deutlich zunehmen, hängt viel davon ab, dass sich Leute darum kümmern, die das erstens können und die zweitens auch Zeit haben. Projekte scheitern, wenn die überlasteten „Leistungsträger" sich irgendwann nicht mehr verheizen lassen und die Segel streichen. Hier haben die Entscheider, die Projektleitung und die verantwortlichen Führungskräfte eine klare strategische Sorgfaltspflicht, bei der es nicht nur um die einzelnen Mitarbeiter geht, sondern auch um das Durchkommen des gesamten Projektes. Und: Gute Leute haben immer gute Angebote.

Die Organisation der Verantwortung

Verantwortung ist eine diffizile Angelegenheit, in Projekten allemal. Denn jede Veränderung kritisiert die Gegenwart, da kann man würdigen, soviel man will. Eine Veränderungsabsicht sagt immer auch: „so wie es ist, ist es nicht (mehr) gut genug, deshalb packen wir es an". Aber die Urheber der Veränderungsabsicht und die Urheber der zu verändernden Situation sind meist verschiedene Menschen. Da lauern Beleidigungen hinter jeder Ecke und es entsteht ein Dilemma: Man muss den Menschen ehrlich sagen, dass in ihrem Verantwortungsbereich Veränderung ins Haus steht und gleichzeitig dafür werben, dass sie als verantwortliche Führungskräfte auch die Verantwortung für die Neuentwicklung mittragen. Diesen Schritt wagen Entscheider oft nicht. Aber dann entstehen unbefriedigende Notlösungen.

Notlösung 1: ein Projektteam, das zu hoher Motivation und Überverantwortung angestiftet und verführt ist, in Kombination mit einem Lenkungskreis (Steuergruppe) nach Gutsherrenart, einem Club verdrossener alter Männer, der pathetisch das gelobte Land herbeibeschwört und sorgfältig darauf achtet, dass niemandes Pfründe angetastet werden. Viel Lärm um nichts.

Notlösung 2: ein kleiner und schlagkräftiger Lenkungskreis, der den ausgeschlossenen Bereichsführungskräften ein Schattenkabinett hochprofessioneller, oft externer, Projektleute in den Laden setzt, die in der Bude mal ordentlich aufräumen sollen. Machiavelli pur.

Der dritte Weg aber ist schon angedeutet: am klaren, direkten und ehrlichen Kontakt zu Beginn geht kein Weg vorbei, und oft gibt es ja auch Einsicht, dass Veränderung Not tut. Wenn den betroffenen Führungskräften nichts vorgegaukelt wird, wenn sie spüren, dass die Verantwortung für die Unternehmenszukunft die treibende Kraft für die Veränderung ist, stehen sie auch zu ihrer Verantwortung. Auf diese Weise kann eine Lenkungsgruppe entstehen, die als Kraftwerk der Veränderung diejenige Energie liefert, die zur Neugestaltung der Organisation notwendig ist.

Projektgremien und ihre Aufgaben

Die Organisation der Verantwortung in Projekten, die wir vorschlagen, folgt dem Prinzip, dass es nützlich ist, die Verantwortlichkeiten in einer bestimmten Weise zu teilen.

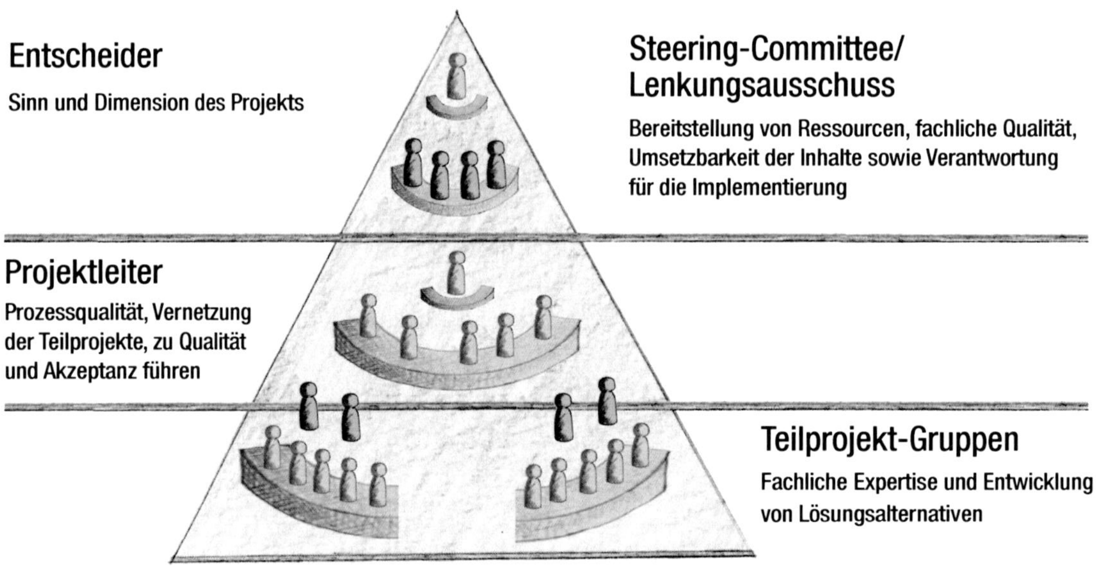

Abb. 39: Verantwortung im Projekt

1. Die Entscheider verantworten Sinn und Aufwandsdimension aus Unternehmenssicht

Die erste Verantwortlichkeit betrifft den Sinn und Zweck eines Projektes. Aus dieser Verantwortlichkeit heraus kommt die Entscheidung, dass es richtig ist, genau dieses Projekt zu machen, dass der Zeitpunkt stimmt und in etwa welche Menge an Geld, Zeit und Arbeitskraft investiert werden soll. Es muss auch sicher gestellt werden, dass ein Projekt fürs ganze Unternehmen ein Gewinn wird, und nicht nur für die Interessen einzelner Bereiche. Diese Verantwortung trägt der legitimierte Leiter des Systems, der Entscheider. Er muss letztlich abwägen, wie viel Prozent der Wertschöpfung des Unternehmens abgezweigt wird für die Entwicklung dessen, was Projektthema ist. Legitimiert wird diese Entscheidung formal durch den Status als beauftragter oder gewählter Leiter. Aber: Die Kraft solcher Entscheidungen, und damit ihre Glaubwürdigkeit, kommt aus der Persönlichkeit. Ein Signal zum Aufbruch ist ein Willensakt, der für eine in der Zukunft liegende Verbesserung bereit ist, unterwegs auch Mühen und Strapazen durchzustehen.

2. Der Lenkungsausschuss verantwortet die Umsetzbarkeit der Ergebnisse

Der Lenkungsausschuss (Steuerungsgruppe, Lenkungskreis, etc.) besteht aus den relevanten leitenden Managern der betroffenen Bereiche. Sie sind für die Sinn-und-Zweck-Entscheidung nicht verantwortlich, es sei denn als Ratgeber. Sondern sie sind dafür verantwortlich, dass die in den Teilprojekten erarbeiteten Qualitäten und Ergebnisse erstens qualitativ gut genug sind und sich zweitens auch umsetzen lassen. Das werden sie später als verantwortliche Bereichsleitungen sowieso zu managen haben. Das bedeutet, dass sie den Fortgang der inhaltlichen Arbeit in den Teilprojekten gut im Auge behalten müssen. Deshalb ordnen wir Lenkungskreismitglieder als Mentoren den Teilprojekten zu, und in engem Kontakt mit den Teilprojektleitern sorgen sie dafür, dass zwei Blickwinkel nicht im Eifer übersehen werden: das Interesse des Gesamtunternehmens und die faktische Realisierbarkeit der Ergebnisse. Dazu gibt es regelmäßige Abstimmgespräche, aber auch die gelegentliche direkte Teilnahme an einer Teilprojektsitzung.

Notfalls müssen sie „ihren" Projektarbeitern auch angesichts der eigenen Kollegen den Rücken freihalten. Denn wenn gestresste Alphatiere Ergebnisse nicht recht verstehen oder einschätzen können, dann fangen die ja nicht selten damit an, an Details herumzunörgeln, dann verstecken sie ihre Ahnungslosigkeit hinter pöbelnder Kritisiererei und frustrieren die Autoren der Ergebnisse bis zur Verzweiflung. Deshalb ist es ihre Sache, die Ergebnisse des Teilprojektes, für das sie zuständig sind, tief zu durchdringen. Dann können sie das mit ihren Kollegen im Lenkungsausschuss intensiv und auf Augenhöhe diskutieren. Nur so entstehen Entscheidungen, bei denen die Entscheider auch wirklich kapieren, worüber sie abstimmen.

Manche halten diese arbeitsreiche Rolle entrüstet für eine Zumutung. „Führungskräfte können doch nicht in irgendwelchen Teilprojekten ihre Zeit vertrödeln", kann man manche schimpfen hören. Aber trödeln sollen sie ja auch nicht, sondern sich ordentlich damit auseinandersetzen und nützlichen Rat geben. Und wenn sie sich vergegenwärtigen, dass Führungskräfte eigentlich nichts Wichtigeres zu tun haben, als ihre Bereiche in eine gute Zukunft zu führen, gibt es zu dieser Definition eines Lenkungsausschusses keine vernünftige Alternative.

3. Die Projektleitung verantwortet die Güte von Fachqualität und Projektprozessen

Wenn ein Lenkungsausschuss seinen inhaltlichen Job gut macht, hat eine Projektleitung die Chance, die Inhalte weitgehend loszulassen, um das ihre zu tun: nämlich die Verantwortung für die Qualität der Projektprozesse, für die Vernetzung der Teilprojekte und für das Beteiligungsmanagement zu übernehmen. Die Projektleitung darf und braucht also nicht selbst der versierteste und detailkompetenteste Experte zu sein: Es reicht, wenn sie beurteilen kann, ob und wie die fachliche Qualität einer Lösung zu den Anforderungen und den Zielen passt. Für alles andere hat sie Experten. In komplexen Projekten geht das gar nicht anders. Der Chef der NASA etwa weiß nichts im Detail besser, als seine vielen Abteilungsleiter, die allesamt Professoren auf Weltniveau sind; doch er muss sie moderieren und wirksam zusammenbringen können, damit sie die funktionierenden Lösungen gemeinsam hinbekommen. Und bis auf die Challenger-Katastrophe 1986 hat das eigentlich immer gut geklappt.

Mindestens genauso sehr, wie für fachliche Qualität zu sorgen, verantwortet ein Projektleiter in Veränderungsprozessen also die Qualität der Projektprozesse. Das heißt:

- dafür zu sorgen, dass die richtigen Personen eingebunden sind
- eine angemessene Beteiligung der Betroffenen zu organisieren
- Vernetzungs- oder Zielkonflikte bei konkurrierenden Lösungen zu identifizieren, zu klären und einer Entscheidung zuzuführen
- die Projektplanung zu managen inklusive der Integration der Teilprojektpläne mit ihren Abhängigkeiten
- die Ressourcenflüsse zu steuern
- Projektcontrolling zu betreiben

Prozessverantwortung findet also nicht jenseits ergebnisorientierter Arbeit an den hard-facts statt, sondern ist ihre Voraussetzung! Es geht dabei um beinhartes Management zur Vorbereitung der Verwirklichung der neuen Zukunft.

4. Die Teilprojektgruppen verantworten die fachliche Qualität der Ergebnisse

Die Mitarbeiter der Teilprojektgruppen tragen im Kern die Verantwortung für die fachliche Qualität der Alternativen und Lösungen, die im Teilprojekt erarbeitet werden. Eine Gefahr in den Teilprojekten ist, dass sich die Leute hier viel zu früh in Lösungen verlieben und nicht mehr gerne bereit sind, über Alternativen nachzudenken. Aber Lösungsqualitäten sind viel besser, wenn man zwei oder drei gute Wege hat, von denen jeder seine Stärken hat und zwischen denen echte „Ent-Scheidung“ nötig und auch möglich ist. Auch deshalb raten wir bei vielen Veränderungsprojekten mittlerweile dazu, Teilprojektgruppen eher klein zu halten, und die Expertise über Workshops mit Experten und Anwendern zu erarbeiten. Das ist eine agilere Struktur als wenn man ein dauerbesetztes Teilprojekt hat, es schont die Ressourcen aller, ruft ihre Expertise just in time ab und schafft sehr viel dichtere Projektarbeitsphasen, als wenn man regelmäßig beisammen sitzt. Doch es erfordert gründliche und versierte Erfahrung in Moderation und Workshopgestaltung, damit die Arbeitstreffen fachlich ergiebig werden und darüber hinaus den Eingeladenen so viel Spaß machen, dass sie gerne öfters mitmachen.

Exkurs: Die Dilemmas an der Spitze

Veränderungsprojekte bedeuten vor allem für Topmanager Stress. Denn sie sind mit verschiedenen, scheinbar unauflösbaren Dilemmas konfrontiert. Zwar gibt es nicht immer eine Lösung, aber wer sich der Fallen bewusst ist, kann zumindest teilweise erfolgreich gegensteuern.

Dilemma 1: Gut Ding will Gründlichkeit – die Praxis Eile

In Change-Prozessen möchten und müssen Manager oft schnelle Entscheidungen treffen und sind nicht leicht bereit oder in der Lage, sich ausreichend intensiv mit Hintergründen, Begründungen und Lösungsalternativen zu beschäftigen. Sie wollen keine Pro- und Contra-Listen, aus denen sie auswählen. Ihre Frage an die Projektgruppe lautet dann häufig: „Wie würden Sie denn entscheiden?" Das steht jedoch in krassem Gegensatz zur Notwendigkeit, wichtige Entscheidungen selbst zu treffen. Mit der Verlagerung der Verantwortung geht ein Topmanager notwendigen Auseinandersetzungen im Entscheidungsgremium gern aus dem Weg. Das verhindert, dass die unterschiedlichen Interessenlagen, die legitim und in der Sache oft begründbar sind, transparent werden. So verständlich es ist, dass man Konflikte mit den Vorstandskollegen scheut, hier gilt: lieber einmal ordentlich streiten und die Sache klären, als mit Scheinargumenten elegant, aber wirkungslos gegeneinander zu arbeiten. Wie viel Aufwand Topmanager für eine Entscheidung investieren müssen, ist selten leicht zu entscheiden: Bei komplexen Themen ist es schwer, die Bedeutung einer Entscheidung schnell, richtig und präzise einzuschätzen. Der Wunsch oder die Notwendigkeit, in der Praxis zu schnellen und doch guten Entscheidungen zu kommen, ist ein – meist unlösbarer – Widerspruch. Gegensteuern lässt sich durch die rechtzeitige Auseinandersetzung mit Dingen, die früher oder später sowieso kommen. Das Projektteam beziehungsweise dessen Leiter muss das Topmanagement von Anfang an zu einer inhaltlichen Auseinandersetzung führen. Wenn Konflikte bei bestimmten Richtungsentscheidungen zu erwarten sind, muss die Auseinandersetzung im Lenkungsgremium provoziert werden.

Dilemma 2: Statt Distanz begeistert Flagge zeigen

Die meisten Topmanager identifizieren sich nicht ausreichend mit ihren Entscheidungen und deren Konsequenzen. Tauchen die oft unvermeidlichen Schwierigkeiten auf, sind die „Umsetzer" häufig allein verantwortlich. Dann heißt es nur: „Warum haben Sie das nicht beachtet? Sie haben sich doch intensiv damit beschäftigt!" Stattdessen müsste sich das Management zu der getroffenen Lösung bekennen und helfen, Schwierigkeiten zu bewältigen. Dazu gehört es auch, Alternativen zu kennen und eine klare Richtung vorzugeben. Doch das verhindert Dilemma eins. Es braucht bei Veränderungen stets jemanden, der die Fahne in der Hand hält und das Neue mit Überzeugung und Freude an der Entwicklung tut. Das ist bei vielen Topmanagern nicht der Fall – oft aus eigener Unsicherheit. Es widerspricht den Verhaltensweisen, die sie sich antrainiert haben: Kontrolle, Contenance, Drüberstehen. Die Lenkungsgremien müssen erfahren, dass es bei der Umsetzung notwendig werden wird, auch bei Widerständen klar zu den Entscheidungen zu stehen: „Ja, wir haben das so gemeint und wollen das auch so!"

Dilemma 3: Buhmänner sollen mutig Neuland betreten

Obwohl viele einen guten Job machen, haben Topmanager in Deutschland keinen guten Ruf. Nimmt sich ein Manager genug Zeit für eine Entscheidung, gilt er leicht als entscheidungsschwach. Trifft er sie zu schnell, hält man ihn für unfähig – wenn es schiefgeht. Aber was macht ein guter Manager bei Veränderungsprozessen? Er muss Mut machen, Neuland zu betreten. Er muss neue, womöglich utopische Ideen zulassen und vorleben, dass man in großen Ideen und Zukunftsvisionen denken darf. Hierbei kann ein externer Berater helfen. Allerdings braucht auch er Rückgrat, um Projektmitglieder zu ermutigen, nicht zu Ende gedachte Vorschläge im Lenkungsausschuss zu präsentieren. Mutige Mitarbeiter liefern gute Fragen statt fixer Ergebnisse – das sollten Manager akzeptieren.

Dilemma 4: Zwischen Informationspflicht und Vertrauenswunsch

Auf die Frage, was in Veränderungsprozessen schlecht laufe, antwortete ein Großteil der Befragten in der ComTeam-Studie „True Change" (2008): Kommunikation und Information. Denn meist werden Führungskräfte und Mitarbeiter erst dann informiert, wenn alles „wasserdicht" ist. Das kann dazu führen, dass die Medien früher Bescheid wissen als die Betroffenen selbst. Grund für die Zurückhaltung ist oft der Versuch, Konflikte zu vermeiden, die das Management unter Klärungsdruck bringen. Zwar gibt es Informationen (etwa bei Fusionen), die lange geheim gehalten werden müssen, das ist aber die Ausnahme. Grundsätzlich gilt: Zu spät kommunizierte Informationen erhöhen den Widerstand. Wer Leute mit ins Boot holen will, muss das tun, solange der Prozess noch in Gang ist. Die Betroffenen müssen das Gefühl haben, mit entscheiden zu können. Wie soll ein Bereichsleiter eine neue Strategie motiviert an seine Mitarbeiter weitergeben, wenn er selbst nur fertige Lösungen präsentiert bekommt? Mitarbeiter beklagen häufig, dass sie ihren Vorgesetzten und dem Unternehmen Vertrauen entgegenbringen sollen, die Topmanager ihnen gegenüber aber kein Vertrauen haben. Mitarbeiter müssen, entsprechend ihrer Verantwortung, bei für sie wichtigen Veränderungen auf jeden Fall vor der Entscheidung nach ihrer Stellungnahme gefragt werden. Wertschätzung signalisiert man, indem Kommentare gesammelt und die Kompetenz der Betroffenen genutzt werden.

Dilemma 5: Ganz oben, ganz einsam und ohne Feedback

Viele Manager würden gern mehr über ihre Wirkung wissen, haben es aber auf dem Weg nach oben verlernt, regelmäßig Feedback einzuholen. Zudem verhindert die immer kürzere Verweildauer in den Unternehmen, dass sich intensivere Beziehungen zwischen Entscheidern und „normalen" Mitarbeitern entwickeln. Gerade bei Veränderungen stehen Topmanager unter verschärfter Beobachtung. Jede Geste wird registriert und interpretiert. Umso wichtiger ist es, von einer Person offen und schonungslos Rückmeldung zu erhalten – auch wenn das nicht immer angenehm ist. Allerdings gilt es zu beachten, dass Menschen in unsicheren Zeiten festen Halt und nicht einen Zweifelnden an der Spitze suchen. Und oft schont auch das direkte Umfeld den Topmanager vor unliebsamen Nachrichten. Hier gilt es, eine gesunde Balance zwischen notwendiger Rückmeldung und der Verbreitung unnötiger Unsicherheit zu finden. Zum Beispiel könnte der Berater oder Projektleiter zu einem regelmäßigen Feedback über die Wirkung des Topmanagers gebeten werden.

Dilemma 6: Zwischen Technikglaube und Intuition

Management-Techniken und -Tools suggerieren Sicherheit bei Entscheidungen. Das hat vielerorts für überdimensionierte Abteilungen gesorgt, die Zahlen erheben und Studien liefern. Es geht um technische Machbarkeit und nicht darum, ob „wir uns das zutrauen". Große Würfe, die bei Veränderungen manchmal gefordert sind, kommen aber nicht aus der Mathematik. Vor allem braucht man dafür Mut, Intuition und Risikobereitschaft. Markterobernde Erfindungen wie etwa der Walkman entstanden nicht aufgrund von Studien, sondern weil jemand eine bahnbrechende Idee hatte und andere damit begeisterte. Topmanager müssen wirklich Verantwortung für die Gestaltung der Zukunft übernehmen.

Dilemma 7: Kurze Antworten oder eine Diplomarbeit?

Tauchen bei einem Topmanager Fragen auf, bittet er gern einen seiner Stabsmitarbeiter, diese zu klären. Doch der wagt oft nicht zu fragen, was damit bezweckt werden soll, und verfasst sicherheitshalber eine Art Diplomarbeit. Die Folgen sind ein hoher, oft unnötiger Aufwand und ein unzufriedener Mitarbeiter. Um das zu vermeiden, müssen sich Manager klar darüber sein, wofür sie welche Informationen, Zahlen, Untersuchungen und Lösungen benötigen und eindeutige Aufforderungen geben. Wer ein Ideenpapier über zwei DIN-A4-Seiten fordert, kann nur schwer falsch verstanden werden. Zu guter Letzt: Menschliche Bedürfnisse äußern sich auch bei Topmanagern. Dann heißt es: „Mein Parkplatz soll garantiert, der Kaffee morgens fertig und die Sekretärin vor mir im Büro sein." Aber: Manager müssen vorleben, was sie von ihren Mitarbeitern erwarten. Außerdem gilt: Die erste Frage eines jeden Betroffenen bei Veränderungen ist: „Bin ich gefährdet?" Das ist legitim. Deshalb sollte die Macht bei Veränderungsprozessen immer dort liegen, wo der Erste sitzt, der nicht mehr betroffen ist. Wenn es etwa um eine neue Kompetenzaufteilung im Vorstand geht, sollte der Aufsichtsrat entscheiden. Eine wichtige Ursache der Dilemmas ist, dass wir an Veränderungen häufig unfreiwillig herangehen. Statt sie anzustoßen und Visionen zu folgen, treibt uns oft der Leidensdruck. Wir gehen nicht auf den Berg, um die schöne Aussicht zu genießen, sondern weil uns von hinten der Tsunami bedroht.

Die Organisation der Projektarbeit

Auch kreative und innovative Projekte brauchen ihre Ordnung. Nur eben eine andere als die konventionellen. Würde nicht jeder die Lerncamps für seine Kinder anders organisieren als nach dem Arbeitstakt einer Fließbandstraße? Innovative Projekte brauchen Luft und Weite, Spielräume und Testfelder. „Not macht erfinderisch" sagt man, aber für Projekte stimmt das nicht, da macht Not und Enge verdrossen, frustriert und lustlos. Wenn Projekte zu eng definiert werden, erzeugen sie nur noch Notlösungen, und dafür braucht man sie nicht. Probleme drücken oft schmerzlich und rufen nach Beseitigung, aber in Projektarbeit steckt viel mehr: nämlich die Definition der Zukunft.

Viele Organisationsmodelle für Projekte haben so viel Einschränkendes: strenge Strukturen mit Handbüchern, die vor „muss" und „müssen" nur so strotzen. Als wäre die Kontrolle die Hauptaufgabe eines Projektleiters und als wäre strukturelle Gewalt (wie hierarchisch autorisiert auch immer) das wichtigste Mittel der Gestaltung.

In welcher Stimmung Projekte laufen, hängt vor allem davon ab, wie man die Zeit strukturiert. Wenn Sie sich vorstellen, wie Ihnen zumute wird, wenn Sie ein schönes Menü im Takt von zwei Minuten pro Gang absolvieren sollen, dann den Wein probieren, bewerten und hopp, den nächsten Gang... Lächerlich? Vielleicht, aber viele Projekte sind genau so.

Die klassischen Ablaufstrukturen sehen für Projekte ein klares, mechanisches Phasenkonzept mit Meilensteinen vor. Für Anwendungsprojekte funktioniert das in der Regel auch ganz gut, weil relativ bekannte Abläufe sauber geplant, abgewickelt und kontrolliert werden können. Das Projekt läuft dann wie am Schnürchen, oder sollte es zumindest. Aber alle Projekte, die davon abhängen, dass man unterwegs lernt, wie man weiterkommt, muss man anders anlegen. Die Kernidee dazu ist aus der Natur abgeschaut, wo Prozesse oft gleichzeitig und verbunden ablaufen. So entwickeln z.B. Bäume und Sträucher die Knospen fürs nächste Jahr im Herbst, während sie gleichzeitig die Blätter abwerfen und sich auf den Winter einrichten.

Ähnlich kann man auch Projektaufgaben so organisieren, dass Analyse & Entwurf, Konzeption & Planung und die Realisierung nicht streng nacheinander ablaufen, sondern in bestimmter Weise gleichzeitig. Wenn man Teilprojekte des Typs Veränderungsprojekt hat, kann man gut dafür sorgen, dass möglichst früh das handelnde Lernen beginnt, während in anderen Themen nachdenkend gelernt wird.

Das ProzessStadien-Modell

Der wichtigste Unterschied dabei liegt darin, wie die Veränderungsanforderung für die Mitarbeitenden organisiert ist: Im klassischen Phasen-Meilenstein-Vorgehen bekommen die Bertoffenen gar nicht viel mit – bis zum Tag X, ab dem dann alles anders sein soll. Bei kleineren Veränderungen funktioniert das, bei komplexeren nicht mehr. Auf einer Urlaubsrundreise bekommt man hin, jeden zweiten Tag in einem neuen Hotel zu übernachten, denn es geht um einen Koffer, der alle zwei Tage zu packen und wieder auszupacken ist. Aber ein kompletter Umzug von einer Stadt in die andere mit allen Möbeln, Gerätschaften, mit Kind und Kegel: Das geht nicht mal so nebenbei.

Deshalb werden Changeprojekte so organisiert, dass die Schritte zur Veränderung kleiner und bewältigbar sind. Gehen Sie gerne Laufen? Könnten Sie am kommenden Samstag einen Halbmarathon absolvieren? In Seminaren oder Vorträgen stelle ich gerne diese Frage ins Publikum, wer denn aus dem Stand in wenigen Tagen mitlaufen könnte. Etwa zehn Prozent zeigen auf – diejenigen, die das sowieso regelmäßig machen. Zweiter Versuch: „Wenn wir in sechs Wochen den Halbmarathon laufen würden und bis dahin einen guten Coach und zweimal die Woche regelmäßig Training hätten: Wer wäre dann dabei? Das ist dann in der Regel mehr als die Hälfte. Und mit zwölf Wochen Vorbereitung muss jeder mit, dem es der Arzt nicht verbietet. Schrittweises Training hilft also, Leistung, Ausdauer und Zutrauen in die eigene Kraft zu bilden. Im Sport wie im Change.

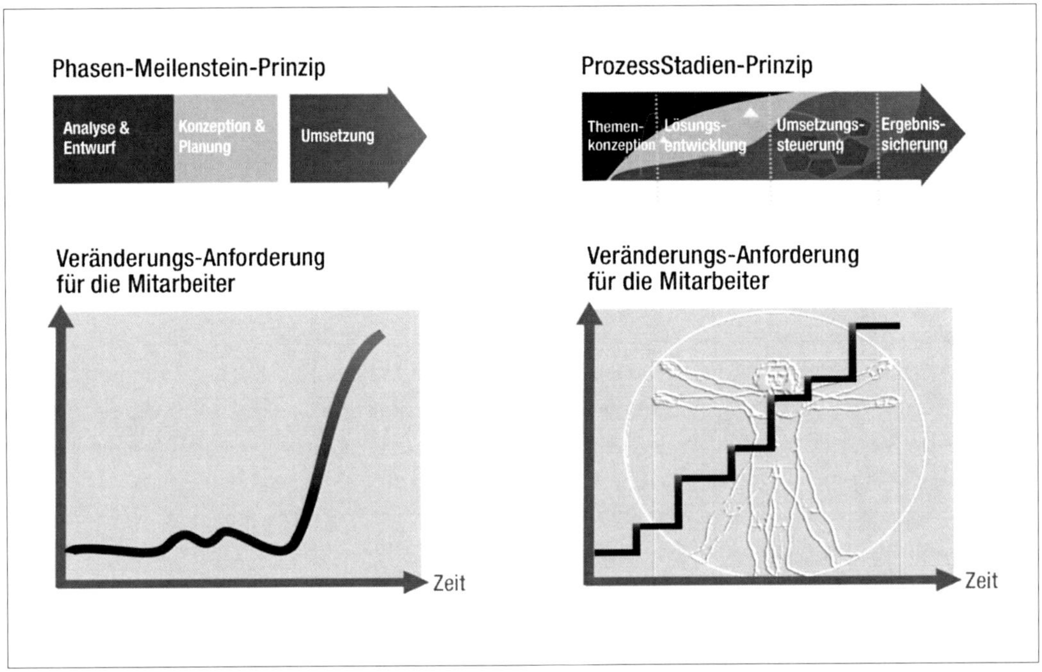

Abb. 40: ProzessStadien-Modell

Projektstadium 1: Themenkonzeption

Das erste Stadium eines Teilprojektes nennen wir Themenkonzeption, weil am Ende die Entwürfe der neuen Wirklichkeit Gestalt angenommen haben, sozusagen das Konzept klar ist. Noch nicht alle Details, aber der grobe Wurf. Bereits in diesem Stadium kann man mit Realisierung beginnen: In Form von Experimenten, also einer durch Ausprobieren zu beantwortenden Frage an die Unternehmenswirklichkeit. Experimente liefern Antworten, die für die weiteren Analyse- und Entwurfsaufgaben nützlich sind. Der Hauptnutzen der Experimente liegt darin, dass das Unternehmen beginnt, sich zu verändern. Experimente betreffen manchmal zwei und manchmal zwanzig Menschen für eine relativ kurze Zeitspanne. Wenn die Frage gut gestellt ist, kann ein Experiment nicht „scheitern", weil jede Antwort eine nützliche Antwort ist. Aber es kommt Bewegung in die Organisation, die überschaubar ist, niemandem Angst und (hoffentlich) vielen Spaß macht.

Projektstadium 2: Lösungsentwicklung

Das zweite Stadium nennen wir Lösungsentwicklung, weil am Ende eine Lösungsidee steht, die in allen Facetten klar ist. Die Analyse- und Entwurfsaufgaben sind abgeschlossen, die Konzeption und Planung der Umsetzung läuft auf Hochtouren. Die Realisierung findet nun in Form der ersten Pilotprojekte statt.

Pilotprojekte brauchen so viele Menschen und so viel Zeit, dass sie ihre Funktion erfüllen. Mit etwas Glück sind die Ergebnisse brauchbar, und damit ist schon ein Teil Realisierung geschafft. Aber wichtiger noch ist, was man aus den Pilotprojekten über die Organisation lernen kann: nämlich wie Veränderung in einer bestimmten Organisation zu einem bestimmten historischen Zeitpunkt möglich ist und welche Grenzen oder Probleme auftauchen. Auch bei den Pilotprojekten sind es wieder die Prozesserfahrungen, die mehr Wert besitzen als die fachlichen Ergebnisse.

Dieses zweite Stadium des Projektes ist das turbulenteste. Viele Aktivitäten laufen gleichzeitig, inhaltlich wie stimmungsmäßig. Pilotprojekte machen der Organisation deutlich, dass das alles kein Spiel ist, dass wirklich etwas verändert wird. Dazu werden wir noch einmal zurückkehren im Kapitel acht, über Widerstand im Projekt.

Projektstadium 3: Umsetzungssteuerung

Das dritte Stadium ist die „eigentliche" Realisierung. Am Ende steht die neue Wirklichkeit, ist z.B. die Software eingeführt, der Umzug abgeschlossen oder was auch immer. In diesem Stadium kommt es darauf an, den Wurf zu halten und nicht verwässern zu lassen. Dieses Stadium beginnt mit der Präzisierung von Zieldefinitionen, ab jetzt hat es Sinn, exakte und verifizierbare Ziele anzuvisieren und Kriterien festzulegen, an denen die Erreichbarkeit überprüft werden kann. In dieser Zeit wird realisiert und angewendet, gesteuert und nachgebessert, und am Schluss eine Abnahme vollzogen.

Projektstadium 4: Ergebnissicherung

Im vierten Stadium geht es dann darum, das realisierte Projektergebnis in die Linienverantwortung überzuführen. Es wird also übergeben und übernommen, noch geklärt, was es zum „Betrieb" der realisierten Lösung braucht, wie man sie aktuell hält und nicht zuletzt, welche Lernerfahrungen in diesem Veränderungsprojekt gesteckt haben. Man muss dieselben Fehler ja nicht öfter machen, oder?

Dieses ProzessStadien-Modell organisiert also einen fortschreitenden Veränderungsprozess, im Unterschied zu den Projekten, bei denen ab dem Tag X alles anders ist. Und es kommt darauf an, die Veränderungsportionen, die den Betroffenen zugemutet werden, genießbar und verdaubar zu halten, damit niemandem schlecht wird. Sonst müssen sie die Veränderung verweigern oder sabotieren, um sich zu schützen. Dabei ist das Prozess-Stadien-Modell eine Modellidee, die auf jedes einzelne Teilprojekt angewendet werden kann, mit dem Kerngedanken, dass handelnde Veränderung möglichst früh beginnt (spätestens vier Wochen nach Projektstart!) und kontinuierlich zunimmt.

ProzessStadien-Prinzip

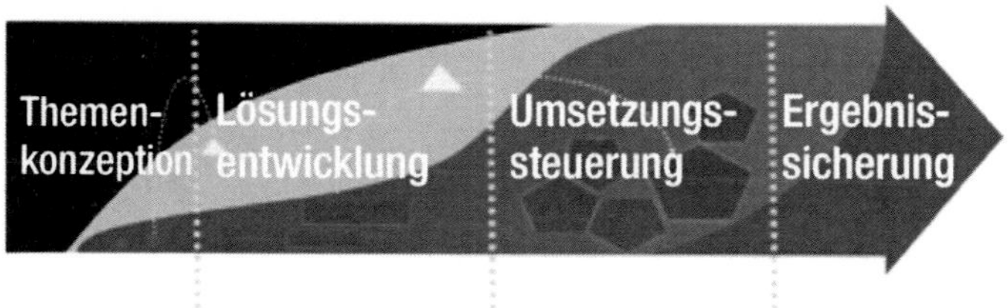

Abb. 41: Funktionen der Prozess-Stadien

Initialisierung für die Teilprojekte

Jedes Teilprojekt wird in sich natürlich auch strukturiert. Meist geschieht das in einem kurzen Workshop, der Teilprojektinitialisierung. Neben dem Kennenlernen der Mitglieder untereinander und ein paar Schritten zur Teambildung werden die konkreten Themen bzw. Aufgaben erarbeitet, die das Teilprojekt bewältigen muss.

Das 12-Schritte-Vorgehen

Jedes dieser Themen kann in dieser Struktur für komplexe Aufgaben organisiert werden, die eine geordnete Bearbeitungsstruktur sicher stellt.

Abb. 42: 12-Schritte-Modell

Dieser 12-Schritte-Plan ist das planerische Herzstück eines jeden Teilprojekts. Jede Phase besteht aus drei Schritten: der erste öffnet, sammelt, macht breit, sorgt für Divergenz. Der zweite verdichtet, wählt aus, fokussiert, sorgt für Konvergenz. Und der dritte schließt ab, trifft Entscheidungen, setzt einen Punkt. Das wiederholt sich methodisch in jeder Phase, verhindert zu frühe Festlegungen, die man später bereut. Die ersten beiden Schritte jeder Phase sind Aufgabe des Projektteams, der dritte Schritt findet im Lenkungsausschuss statt. Wenn etwa zu Beginn die theoretischen Lösungsmöglichkeiten (2. Optionen...) auf dem Tisch liegen und klar ist, welche Folgen und Kosten mit jeder Variante verbunden sind, dann ist es Zeit Richtungsentscheidungen zu treffen. Das heißt konkret, dass man z.B. nur die zwei vielversprechendsten aus fünf Varianten auswählt, für die dann Lösungen ausgearbeitet und konzipiert werden sollen. Und dann erst fallen die Realisierungsentscheidungen, die dann allerdings auf ganz anderen Beinen stehen, als wenn man sich zu früh festlegt.

Das Modell macht auch sichtbar, dass die Verantwortung des Managements erst bei Zwölf endet. Denn wenn sich die Entscheider nach dem Verwirklichungsbeschluss verabschieden, dann ist die Luft raus. Und dann muss sich keiner wundern, wenn Ergebnisse versanden. Wer mal ein Haus gebaut hat, kennt das: Man bereut jeden Tag, an dem man nicht auf der Baustelle war, denn irgendetwas ist immer anders, als man erwartet hat. Manchmal werden aus Bequemlichkeit in der Umsetzung Abkürzungen gegangen, die Lösungen schlechter machen, und manchmal auch aus gutem Willen. Wir haben mal bei einer Bäderrenovierung mit Dachschrägen zu tun gehabt, mit der Folge, dass für die Spiegel am Waschbecken nicht in der nötigen Breite Platz war. Doch anstatt eine Ecke des Spiegels wegzunehmen, montierten ihn die Arbeiter einfach tiefer. So hätten auch normal große Männer zwar bequem die Brust rasieren können, den Gesichtsbart aber nun auf Knien. Die Arbeiter wollten einfach nicht verantworten, die Spiegel „kaputt zu machen“.

Die Organisation der Beteiligung

Beteiligung ist immer ein diffiziles Thema, denn die Sorge, dass alle bei allem mitreden oder gar mitentscheiden wollen, steht schnell im Raum. Das ist natürlich ebenso Unfug wie der Weg der schnellen Radikalentscheidungen mit Verkündigung und Marschbefehl. Erstens sind komplexe Entscheidungen von einer Person alleine gar nicht überschaubar, weder fachlich noch sozial. Und wer dennoch durchregiert, muss sich Spott gefallen lassen: „Je autoritärer man sich irrt, umso lächerlicher macht man sich." Zweitens: Durchbefehlen funktioniert im Ergebnis nicht mehr, es führt allenfalls zum stillschweigenden Aussitzen, wenn die Betroffenen höflich sind.

So geht's also: Entscheidungen müssen sorgfältig vorbereitet werden, und zwar von denen, die ihre Konsequenzen gut einschätzen können. Das ist ein interner Beratungsjob, der Ihnen als Entscheider die Entscheidung nicht abnimmt, sondern qualitativ erst ermöglicht. Nur so kann man dann nämlich in Kenntnis aller Konsequenzen sehenden Auges gute Entscheidungen treffen. Eine Metapher macht das deutlich: Das Gewicht, das eine Person beim Bergwandern über mehrere Tage im Rucksack tragen kann, ist maximal 15 Kilo, eher weniger. Was aber, wenn man eine Kiste mit 100 Kilo transportieren muss? Das geht nur, wenn ein paar starke Schultern mehr unter die Kiste gehen und dort auch bleiben, wenn es ungemütlich wird, wenn einem scharfer Gegenwind ins Gesicht bläst oder wenn der Untergrund rutschig und unwegsam wird. Dasselbe Problem besteht mit Projektentscheidungen: Die allermeisten kann man gar nicht mehr alleine stemmen, sondern braucht starke Schultern, die das mittragen. Die Zeit der leichtgewichtigen Entscheidungen ist vorbei. Die der superstarken Helden auch.

Beteiligungsintensitäten

Größere Projekte greifen oft so intensiv in das Unternehmensgeschehen ein, dass kaum einer in der Organisation nicht zumindest indirekt die Auswirkungen zu spüren bekommt. Ein Beispiel: Die Einführung von SAP für die Materialwirtschaft eines Bauunternehmens betraf natürlich zunächst die Disponenten, Einkäufer und Lagerleute. Aber schon bald war klar, dass die Hauptleidtragenden der Veränderung die Meister der Bautrupps waren. Früher waren sie direkt ins Lager gegangen, dort waren sie bekannt, und man wusste bei jedem, wenn er ein 15er-Rohr brauchte, ob er das „Rote" oder das aus „Weißblech" haben wollte. Heute steht da zunächst ein Computer, wo man eine BANF anzulegen hat, und der Computer kennt auch kein „rotes 15er-Rohr", noch nicht mal einen „Zollstock", weil der jetzt „Meterstab, 9gliedrig, gelb" heißt. So verbringen die Meister mehr Zeit mit ihrem Ärger als mit ihrer Arbeit. Die Kunden machen Zeitdruck, die Bereichsleiter sind sauer über die Beschwerden der Kunden und die Meister hilflos, weil sie „ja auch nicht bei jeder Schraube wissen können, wie das verdammte Ding nun richtig heißt".

Um solche Traumaszenarien zu vermeiden, muss man ziemlich am Anfang eines Projektes aufzeichnen, wie Projekt und Unternehmen zusammenspielen, welche Gremien und Betroffenengruppen eine Rolle spielen. Das haben Sie mit dem Stakeholdermapping im Klärungsprozess getan. Darauf lässt sich nun ein Kommunikationsmanagement aufbauen, das die betroffenen Personen und Gruppen Schritt für Schritt in die veränderte neue Wirklichkeit führt.

Für die Beteiligung von Führungskräften und betroffenen Mitarbeitern steht also eine Klärung an: Welche Gruppe soll an welchen Aufgaben und in welcher Rolle und Intensität beteiligt sein? Aus unterschiedlichen Mitspracherollen und Intensitäten von Beteiligung ergibt sich die Größe von Zielgruppen und die Überlegung, in welchen Formaten man die Mitsprache organisiert. „Mitsprache", nicht Mitentscheidung!

Dieses Bild macht unserer Erfahrung nach gut besprechbar, welche Interessengruppen aus welchem Grund und für welchen Zweck und in welcher Rolle im Veränderungsprozess beteiligt werden sollen:

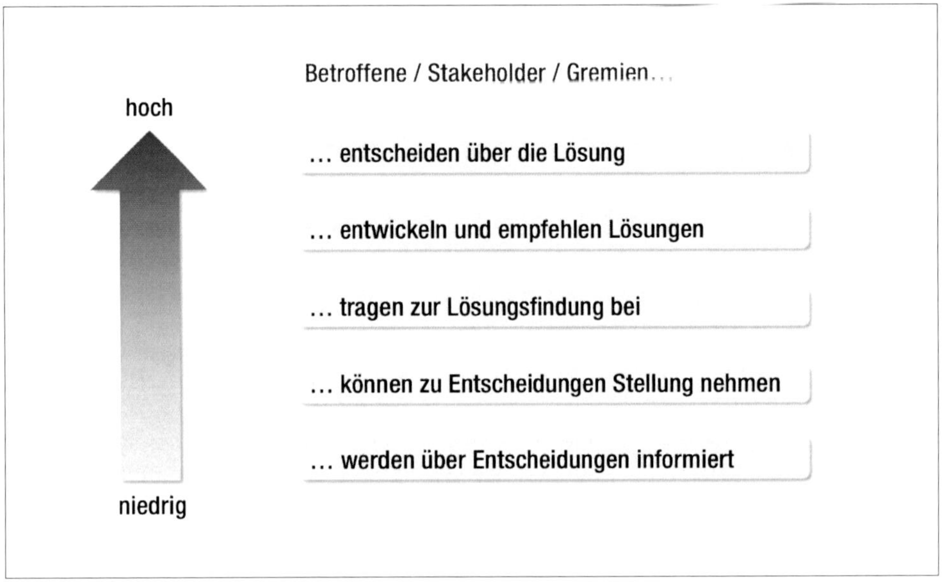

Abb. 43: Intensität von Beteiligung

Informiert werden ohne Einladung zum Mitdiskutieren ist die schwächste Form, reine Einwegkommunikation also. Das passt für die Unternehmensöffentlichkeit, für Kunden und Lieferanten oder andere, die mit Neugier oder Interesse die Entwicklungen in der Organisation begleiten.

Für MitarbeiterInnen, die von einer Veränderung betroffen sind, ist das aber nicht ausreichend, denn sie werden in der Regel Fragen oder Bedenken haben, die sie loswerden möchten. Deshalb ist es hier vernünftig, nach der Information über die Veränderungsabsichten auch nach Reaktionen zu fragen und sie so zu Entscheidungen Stellung nehmen zu lassen. Doch hier kann man leicht die falschen Fragen stellen! Zu einem Feedback darüber, ob sie die Veränderung gut finden oder nicht, darf man sie nämlich nicht einladen, denn die Entscheidung ist Ihre, und sie unterliegt im Unternehmen nicht den Regeln der Basisdemokratie. Die richtige Frage lautet, was sie alles klären müssen, damit sie mit der Veränderung zurechtkommen und ihren Job weiter gut machen können. Diese Beteiligung ist nicht nur respektvoll, sondern auch nützlich, weil die „Basis“ am besten weiß, wie sie mit ihren konkreten Aufgaben und anstehenden Veränderungen zurecht kommt.

Experten oder Erfahrungsträgern, die nicht Teil der fixen Projektorganisation sind, können Sie eine noch intensivere Stufe der Mitsprache anbieten: Beteiligen Sie sie in Hearings oder Workshops, in denen sie ihre Erfahrungen teilen und ihr Wissen zur Verfügung stellen können. Und die Personen, die ins Projekt für feste Mitarbeit genommen wurden, werden Ihre BeraterInnen: Sie entwickeln Lösungen in Alternative, machen Vorschläge, dürfen Empfehlungen aussprechen. Das ist immer noch nicht Mitentscheiden, aber schon eine große Portion Einfluss.

Zurück zur Beteiligungsintensität: Das Mitentscheiden über die Lösung ist die intensivste Form der Einflussnahme. Das würde man z.B. in einem Vorstandskreis für die strategisch relevanten Grundsatzentscheidungen so einrichten. Aber mit dieser Form sind wir sehr, sehr vorsichtig. Denn einerseits gibt es in der Hierarchiestruktur von Unternehmen (im Unterschied zu Vereinen, Verbänden und Genossenschaften) in der Regel eine eindeutige „chain of command“, und damit für jede Entscheidung einen eindeutig zuständigen Entscheider. Wenn ein Vetorecht in einem Gremium zu leicht eingeräumt wird, dann kann das wichtige Entwicklungen auch unverantwortbar aufhalten. Andererseits gilt, was weiter oben über die Schwere der Rucksäcke gesagt wurde: Wenn Sie Partner brauchen, die mit Risiko und Bereitschaft gemeinsam die Last tragen, dann müssen die auch eine Stimme haben. Wer nicht die Macht hat, gegen etwas sein zu können, kann sich auch nicht so stark für etwas entscheiden, dass den Druck und Stress übersteht. Und Anordnen hilft nicht? Doch, aber nicht, wenn's drauf ankommt. Wir haben schon viele bezahlte Lastenträger türmen sehen...

Beteiligungsformate

Für die Wahl des jeweils passenden Settings müssen die Funktionen und Intensitätsgrade geklärt sein. Bei größeren Projekten bietet die Arbeit mit großen Gruppen (z.B. alle Führungskräfte, alle betroffenen Mitarbeiter eines Bereichs) besondere Chancen: Viele Menschen beschäftigen sich gleichzeitig mit der Veränderung. Auf solchen großen Projektveranstaltungen entsteht eine Dynamik, die mit vielen kleinen Workshops nicht herzustellen ist.

Die Erfahrungen der meisten Menschen mit Großveranstaltungen (Vorlesungen, Kongressen, Tagungen) machen es ihnen aber schwer an attraktive und effiziente Formen zu glauben. Sie erinnern sich an leidvoll langweilige Vorträge und inszenierte Diskussionsrunden und daran, dass sie den ganzen Tag auf ihre Konsumentenrolle reduziert waren. Es gibt aber mittlerweile viele Gestaltungsmöglichkeiten, die erfrischend anders sind. Für alle Beteiligungsabsichten lassen sich Formen finden, die die Teilnehmer ernst nehmen, einen Dialog untereinander und mit den Projektverantwortlichen fördern und herausfordern. Zudem kann das allen auch noch enormen Spaß machen.

Meistens reichen drei große Stränge aus, in denen der Beteiligungsprozess stattfindet. Der Hauptstrang sind die Mitarbeiter der betroffenen Bereiche. Sie kann man in mehreren Dialogveranstaltungen, mit Medien und über das Intranet in der ersten Projektphase darüber informieren, was sich ändern wird und was so bleibt wie bisher. Sie lernen kennen, wer das Projekt leitet und wer es konkret durchführt, können ihre Sorgen und Fragen loswerden und Antworten erhalten. Wenn das gelingt, ist der Gerüchteküche gut vorgebeugt. In der Mittelphase des Projekts kann man den Mitarbeitern dann schon mal zeigen, wie weit man ist und wie das Endprodukt wohl mal aussehen wird. Dies haben wir, mit großem Vergnügen für alle Beteiligten, bereits öfters in der Form einer Projektmesse veranstaltet, auf der bis zu eintausend Mitarbeiter für jeweils vier Stunden durch ein Infoprogramm geführt und in einen Dialog eingebunden wurden. Vor der Einführung wurden dann im Anwenderschulungsprogramm die künftigen Arbeitsabläufe trainiert, bevor die bis dahin geltenden außer Kraft gesetzt wurden.

Der zweite Strang des Beteiligungsmanagements bezieht sich auf die Führungskräfte der betroffenen Bereiche, und zwar auf alle. Sie müssen in der ersten Projektphase wie ihre Mitarbeiter über die Pläne informiert werden und sich als Führungskräfte darauf einstellen:

Projekte belegen Kapazitäten, beeinträchtigen das Tagesgeschäft und sorgen für Zündstoff. Damit umzugehen müssen die Führungskräfte als ihre Aufgabe annehmen, vor allen anderen die Leitenden. In der Mittelphase des Projektes heißt das Thema dann: Vorbereitung auf den Wandel. Vorbereitung auch auf die Kapazitätsengpässe, den Nervenkrieg, die Konflikte, die Kundenbeschwerden und all das, was die Wochen um die konkrete Einführung herum mitunter so abenteuerlich macht. Sich darauf rechtzeitig vorzubereiten, nimmt den dichten Zeiten viel von ihrer Schärfe und hält die Führungskräfte nicht nur im Reagieren und Feuerlöschen gefangen.

Der dritte Strang schließlich betrifft die Projektmitarbeiter selbst. Bei größeren Projekten sind manchmal fünfzig bis einhundert Personen am Werk. Für die ist es sehr hilfreich, wenn am Anfang eine Startveranstaltung steht, auf der sie sich untereinander kennenlernen und sich auch über die Themen der anderen Teilprojekte informieren können. Da stellen sich die Projektleitung und alle anderen Projektorgane vor, die Projektorganisation und die Kommunikationswege werden besprochen und vereinbart. Daneben spielt das Informelle natürlich eine große Rolle. Mit wem man schon mal auf ein Bier war, mit dem lässt sich später auch leichter mal ein Nahtstellenproblem außerhalb der üblichen Sitzungsstrukturen aus der Welt schaffen.

Beim Planen einzelner Veranstaltungen zur Kommunikation oder Beteiligung geht es immer um drei Fragen:

1. Wie groß ist die Zielgruppe?
2. Was ist die Beteiligungsintensität, von informieren bis gemeinsam Lösungsvorschläge erarbeiten?
3. Wie viel Spaß darf es machen? Das ist ernst gemeint, denn von präsentationslastigen, kongressartigen Veranstaltungen bis hin zu erlebnisorientierten und abenteuerreichen gibt es mittlerweile alles zu haben. Und die Frage, in welcher Atmosphäre die Ziele der Veranstaltung am besten erreicht werden können, ist sehr relevant. Das hängt einerseits an der Kultur des Unternehmens mit der Frage, wieviel Emotion gezeigt werden darf. Andererseits hängt es am Thema des Wandels: Eine Expansion ist ein in der Regel freudvollerer Anlass als eine Sanierung mit Personalreduktion.

Wenn man das klar hat, dann kann man die Personalentwickler oder externe Unterstützer gut briefen.

Integrierte Projekt- und Kommunikationsplanung

Und so wie in Abbildung 44 sieht nun ein Projektplanentwurf konkret aus: Der wichtigste Unterschied zu den bekannten Entwürfen a' la MS-Project liegt in den Spalten mit der Überschrift „Beteiligung“. Wir planen also die Beteiligungsformen exakt integriert in den inhaltlichen Projektverlauf. Das kann man in MS-Project zwar auch einrichten, aber in den Standardeinstellungen geht es immer nur um das Fachliche, um Zeit und um Geld.

							Beteiligung					
(Teil-)Projekt - Titel	Name/ Beschreibung	was erreicht werden soll ... (Ziel)	Ergebnis-form	verant-wortlich	Mitarbeit aus Team	extern beteiligt	Inten-sität	Form/ Setting	Schnitt-stellen	Pilot/ Experi-ment	Start	Ende (Soll, Ist)
Thema 1												
Schritt 1												
Arbeitspaket 1												
Aufgabe 1												
Aufgabe 2												
Arbeitspaket 2												
Schritt 2												
Arbeitspaket 1												
Arbeitspaket 2												
Schritt 3												
AP1 Entscheidung												
AP2 Entscheidung												
(etc.)												
Thema 2												
Schritt 1												
Schritt 2												
Schritt 3												
(etc.)												

Abb. 44: Teilprojektplanung in EXCEL

Wenn diese Planung in jedem Teilprojekt erstellt wird, dann reicht das zuerst mal bis Schritt sechs im 12-Schritte-Modell, also bis zum Realisierungsbeschluss. Und wenn ein Projektleiter sich alle Teilprojektplanungen zusammen ansieht, dann wird noch die ein oder andere Anpassung nötig sein, weil z.B. eine Zielgruppe von drei Teilprojekten „gebucht“ wird, ein anderer Stakeholder dagegen ganz ignoriert wurde. Also werden die Pläne aus dem Blick über das Ganze nochmal angepasst. Und dann kann man, wenn man will, das Ganze in MS-Project oder in EXCEL abbilden, um ein editierbares digitales Format zu haben.

The Big Picture

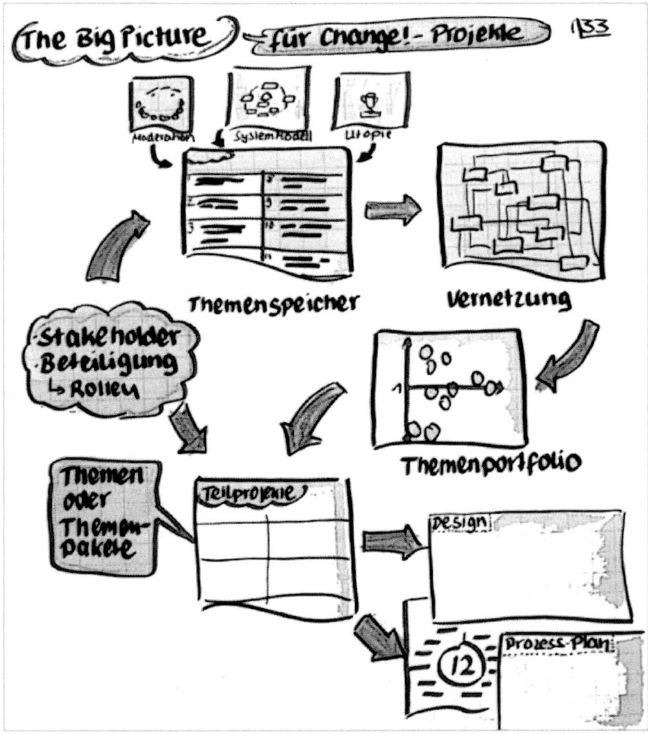

Abb. 45: Initialisierung und Teilprojektplanung

Reviews

Unterwegs im Projekt sind Gespräche nötig, auf denen Rückschau gehalten wird, fachlich wie über die Zusammenarbeit. Es bleibt ja nicht aus, dass man sich mal übereinander ärgert oder die Kommunikation schief läuft. Reviews bieten dann die Möglichkeit, angesammelten Groll anzusprechen, auszudiskutieren und wieder die Bereitschaft zu erlangen, weiterhin gut zusammenzuarbeiten.

Die Kleine Inspektion zwischendurch: Reflecting Team

Die Reflecting Team – Methodik ist ein Selbsthilfevorgehen, mit dem eine Gruppe ohne externe Begleitung Problemfälle reflektieren und lösen kann. Gegenüber einem normalen Reflexionsgespräch, in dem eine/r sein oder ihr Problem schildert und die Anderen dann ihre Einschätzungen, Kommentare und Ratschläge abgeben, gibt es ein paar wichtige Prinzipien und Unterschiede:

1. **Visualisieren:** Das Thema oder Problem wird erst mal nicht erzählt, sondern skizziert/gezeichnet. Denn ein Bild sagt mehr als tausend Worte. Und auch die Art, wie etwas abgebildet wird, vermittelt zwischen den Zeilen sozusagen, welche unbewussten Gedanken, Hoffnungen und Befürchtungen mitschwingen. Dabei kommt es überhaupt nicht darauf an, dass jemand „gut malen“ kann, sondern dass er oder sie Körper und Geist (mit Verspannungen oder Leichtigkeit, mit Konzepten und Glaubenssätzen) am Entstehen eines Abbildes teilhaben lässt. Die Methode lädt die (noch) unbewussten Teile des Problemhalters ein, sich einzubringen. Und das ist äußerst vernünftig, denn wenn ein Thema rein rational wäre, dann bekäme man es auch „vernünftig“ gelöst, und es wäre gar kein „Problem“ daraus geworden.

2. **Schweigend Zuhören:** Der Fallgeber stellt seine Ansichten zur Angelegenheit kurz vor und schweigt dann. Das Team bespricht nun, was sie verstanden haben und wie sie es angehen würden, während der Fallgeber wirklich nur zuhört. Keine weiteren Erklärungen, keine Rechtfertigungen, keine Richtigstellungen. Nur Lernen und Mitbekommen, wie die anderen die Sache sehen. Dieser Trick umgeht, dass jeder Problemhalter auch Stress damit hat, das Problem zu haben, und dass die Versuchung groß ist, den Selbstwert aufrecht zu halten. Nur: wer mit seinem Selbstwert beschäftigt ist, reagiert nur und lernt nicht leicht.

3. **Lösungsorientierung**: Es ist nicht relevant, warum ein Problem entstanden ist, sondern nur, wie man es in den Griff bekommt. Denn die Lösungen liegen meist nicht da, wo die Probleme entstanden sind. Wenn etwa ein wichtiges Arbeitspaket nicht rechtzeitig fertig geworden ist, weil jemand krank wurde (oder es verschlampt hat), bringt die Schuld- und Ursachenfrage auch nicht weiter. Sondern nur die Überlegung, wer es nun in die Hand nimmt und schleunigst erledigt. Deshalb soll die Besprechung sich nicht lange damit aufhalten, die Wurzeln und Hintergründe zu ergründen, sondern sich darauf konzentrieren, was man nun alles aus einer Situation machen kann.

Das Bild Abb. 46 geben wir Projekten an die Hand, als Anleitung für die Fallbesprechungen. Wenn man sich sehr klar an die Zeiten hält, die (in Minuten) unter den Ziffern der Abschnitte stehen, dann dauert eine Runde 45 Minuten und läuft sehr konzentriert und fokussiert ab. „A“ ist der Fallgeber, der sein Thema auf einem Flipchart oder Plakat visualisiert mitbringt, „RT“ ist das Reflecting Team, das ihm oder ihr hilft, mehr Klarheit und neue Handlungsfähigkeit zu gewinnen.

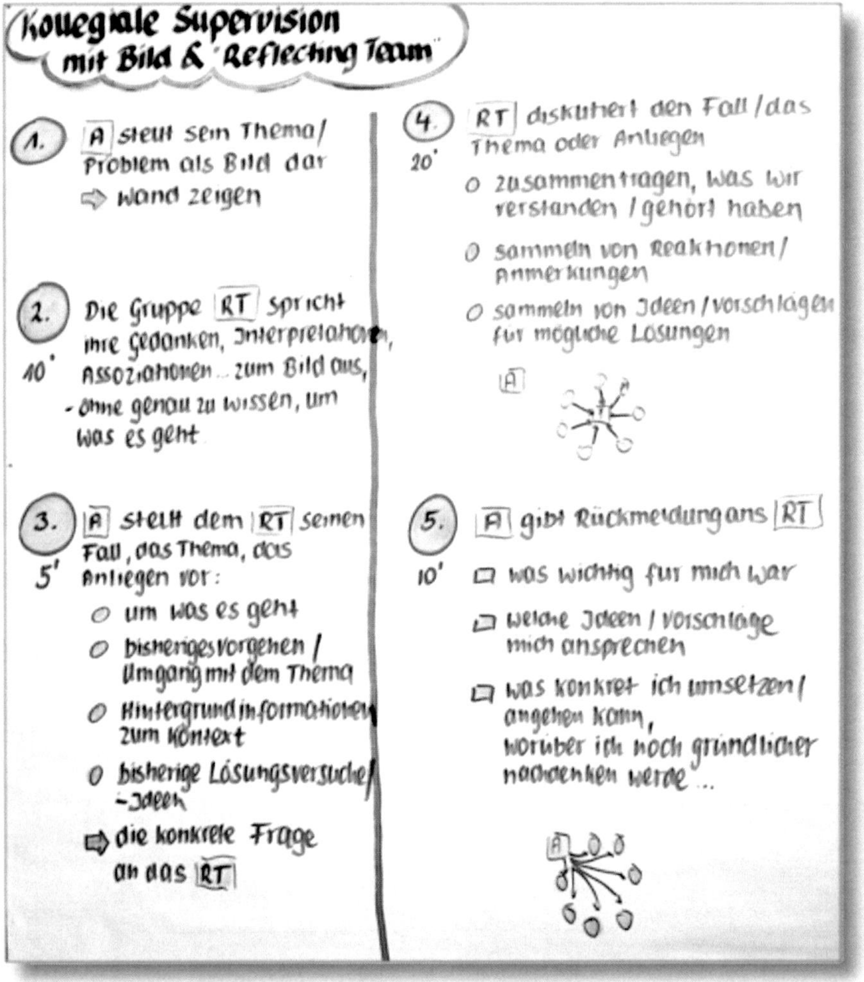

Abb. 46: Reflecting Team Methodik

Der Projekt-TÜV: Berenschot's Seven Forces Model

Berenschot's Seven Forces Model nutzen wir gerne nach wichtigen Projektschritten, um zu sehen, welche Faktoren für einen erfolgreichen Projektverlauf in welchem Zustand sind. Manchmal bitten wir einen gesamten Lenkungsausschuss, auf einer Skala von 0 – 10 zu punkten, wie stark bzw. „in Ordnung“ sie jede Variable sehen. Und wenn man dann die drei schwächsten Punkte analysiert und sich die Maßnahmen überlegt, wie sie verbessert werden können, kommt man schon weit.

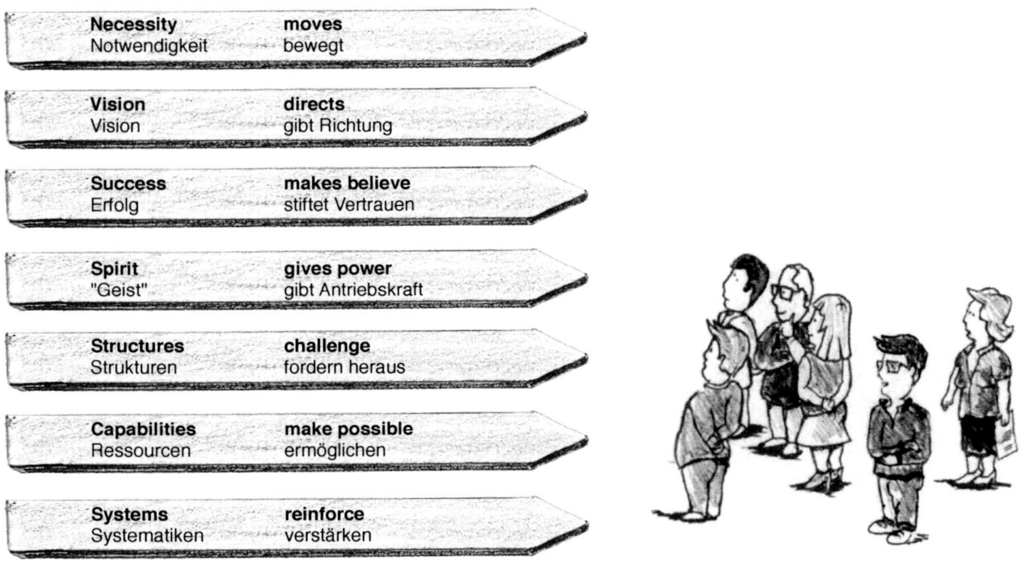

Abb. 47: The Seven Forces Model

Das sind die sieben Bedingungen, die erfüllt sein müssen, damit Projekte etwas bewirken:

1. Die **Notwendigkeit** erzeugt den Grund für die Veränderung und die Dringlichkeit des Handelns. Eine klare Notwendigkeit gibt eine „gute Story", für die sich der Einsatz lohnt. Immer wenn die Notwendigkeit für die Betroffenen nicht klar und einsichtig genug ist, fehlt der Antrieb.

2. Die **Vision** bzw. ein klares Bild der anzustrebenden Zukunft hilft allen Beteiligten sich auszurichten. Wenn das klare Bild, wohin die Reise führen soll, fehlt, dann geschieht vieles unkoordiniert und viel Zeit und Energie wird verschwendet. „Visionen sind wie Fixsterne. Unerreichbar, doch sie geben Orientierung" (Quelle unbekannt).

3. Erste **Erfolge** müssen belegen, dass der neue Weg besser ist als der Status quo. Wenn die Durststrecke zu ersten Erfolgen zu lange ist, dann geht den Projektarbeitern die Puste aus und die Beteiligten und Betroffenen fallen vom Glauben ab, dass das Projekt wirklich eine gute Idee ist.

4. Nur ein guter **Geist** gibt wirklich Kraft: Entscheidungen brauchen eine Legitimität, die durch geteilte Werte gestützt ist. Wenn dies gelingt, dann motivieren sich alle Beteiligten für das Mitwirken an „der guten Sache" von innen heraus. Wenn dagegen Betroffene den Sinn nicht einsehen oder nicht teilen, etwa wenn der Nutzen für Wenige einen inakzeptablen Preis für Viele bedeutet, dann werden sie nicht freiwillig folgen.

5. Man muss **Strukturen** und Abläufe einrichten, die den Betroffenen Leitplanken geben und die Rückschritte schwer machen. Also Fakten schaffen, denn das „Sein bestimmt das Bewusstsein", sagt Karl Marx – sorry, hier hat er wohl recht. Wer etwa bei einer Softwareänderung die alten Systeme noch lange verfügbar hält, erzeugt damit, dass die Betroffenen aus ihrem Sicherheitsbedürfnis heraus zweigleisig fahren und das Neue nur zögerlich annehmen.

6. Die notwendigen **Ressourcen** in Form von Fertigkeiten, Kompetenzen, Handwerkszeug müssen verfügbar gemacht werden. Keine Veränderung gibt es zum Nulltarif, und die neue Power müssen Betroffene sich erst mal antrainieren können – dies braucht Einverständnis der Entscheider, einen Rahmen und die notwendige Ausstattung.

7. **Systematiken** um einen Fortschritt sichtbar oder – besser noch – messbar machen zu können, müssen ebenfalls ziemlich früh eingerichtet werden, weil sie die Leute im Erfolgsfall stolz und zufrieden machen (und im Nicht-Erfolgsfall auf die Spur bringen).

Kapitel Acht

Unterstützung gewinnen

Im Jahr 2010 veranstalteten wir einen Survey unter etwa 500 Führungskräften und MitarbeiterInnen deutschsprachiger Unternehmen mit dem Titel „Gut entschieden? Zur Qualität von Entscheidungsprozessen in Unternehmen". Und diese erste Frage mit ihren Antworten hat uns ziemlich erschüttert:

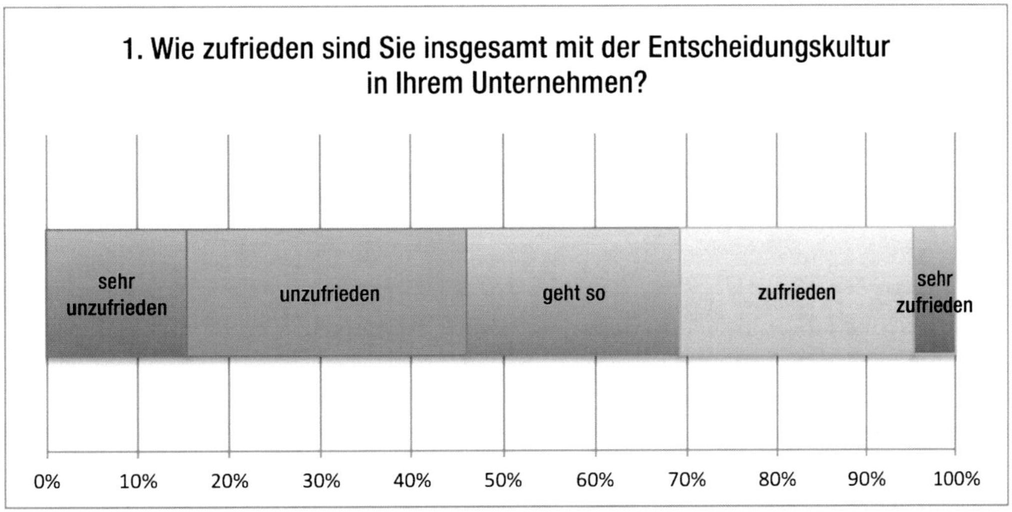

Abb. 48 aus der ComTeam-Studie 2010 „Gut entschieden?"

Die Aussage ist, dass nur etwa 30% aller Führungskräfte, junge wie erfahrener, und MitarbeiterInnen mit den Entscheidungen im Unternehmen zufrieden oder sehr zufrieden sind. Da kam uns natürlich gleich die Frage in den Sinn, wer mit welchem Elan denn dann an den jeweiligen Umsetzungen arbeiten würde? Und die Detaillierung dieser ersten Frage nach den Antwort gebenden Gruppen legte ein weiteres spannendes Detail offen:

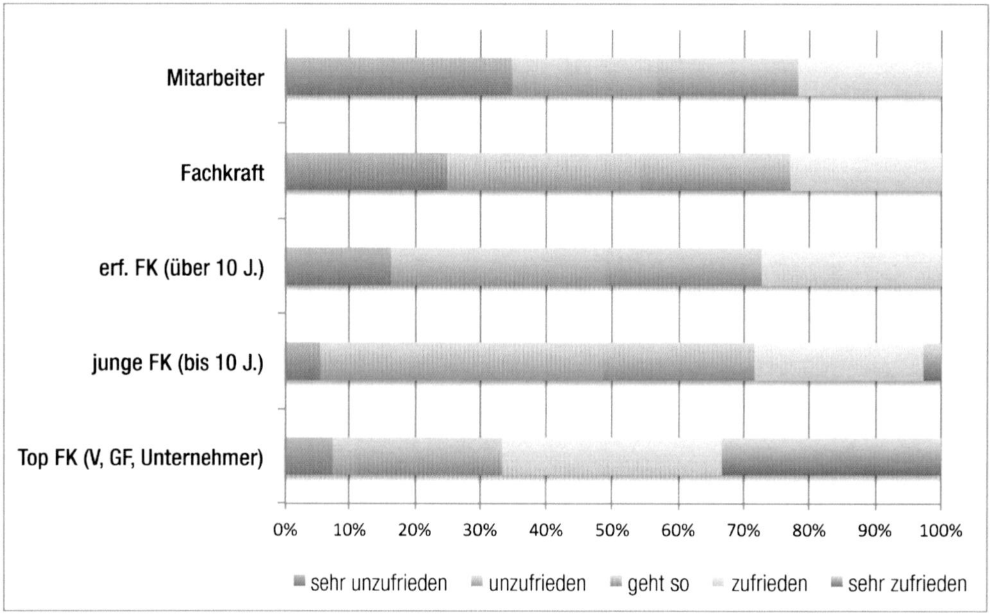

Abb. 49: aus der ComTeam-Studie 2010: Detail

Über 70% der Entscheider (Top Führungskräfte) bekundeten hohe bzw. sehr hohe Zufriedenheit, ganz im Unterschied zu allen (!) anderen. Selbst die erfahrenen Führungskräfte, also jene, die die Entscheidungen umzusetzen und nachzuhalten haben, sind nur sehr gedämpft begeistert.

Die gelegentliche Selbstverliebtheit der obersten Führungskräfte ist dafür sicher ein möglicher Erklärungshintergrund, aber das allein reicht nicht. Ein wichtiger weiterer Grund liegt im Verhalten von Entscheidern, wie uns eine weitere Frage nach dem erlebten Entscheiderverhalten offen legte: Sie haben häufig bereits eine Lösung im Kopf und möchten diese durchsetzen. Und sie beteiligen zum Schein, aber es ist schon klar, was rauskommen muss; so das Mehrheitsurteil der Befragten. Und sie können am schlechtesten parallel an alternativen Optionen arbeiten ohne sich schnell auf eine Lösung festzulegen.

Dahinter liegen sicher vielfältige Ursachen. Erstens: Entscheider erleben – wie der Rest der Menschheit auch – hohe Komplexität als Stress, geraten in einen überhöhten Adrenalinspiegel und müssen sich abreagieren. Dazu mehr im folgenden Abschnitt über Neurobiologie. Zweitens: Change is Pain. Betroffene geraten immer und automatisch in problematische Gefühllagen, wenn sie mit ungewollter Veränderung konfrontiert werden. Und drittens: Der Umgang mit unterschiedlichen Zustimmungsgraden bei Betroffenen entscheidet darüber, ob Unterstützung, Widerstand oder Stillhalten entstehen. Auch dies sehen wir uns genauer an.

Dynamik im Prozessverlauf

Organisationen sind einerseits konstruierte und andererseits offene soziale Systeme. So kann man das Bestreben nach Balance und Gleichgewicht verstehen, das allen lebenden Systemen eigen ist. Veränderungen, wie sie Projekte auslösen, stören Systeme genau so, wie medizinische Eingriffe Menschen stören. Dabei sieht am Anfang eines Projektes meist alles ganz harmlos aus. Jeder ist guten Mutes und erfreut, dass man ein Thema nun endlich anpackt. Die Themenaspekte werden zusammengetragen und so beginnen die ersten Arbeiten. Aber schon bald taucht Irritation auf, dass so viele Aspekte berücksichtigt werden müssen und dabei so viel Vernetzung mit anderen Bereichen eine Rolle spielt. So viele Leute wollen mitreden und müssen beteiligt werden. Damit hatte man eigentlich nicht gerechnet. Deshalb kehrt sich die Kurve der Stimmung, die zu Beginn gestiegen war, nun um. Je steiler die Komplexität ansteigt, umso mehr fällt die Stimmung. Doch wer jetzt die Nerven verliert und zulässt, dass man auf die Erarbeitung der notwendigen Komplexität verzichtet, macht sich zwar beliebt – die Stimmung würde wieder steigen – , erwiese aber dem Thema einen gehörigen Bärendienst. Denn bald fällt es jemandem auf, dass man diesen oder jenen wichtigen Aspekt vergessen hat, und die ganze Sammlung von Themen hat nur bescheidenen Wert: man muss nachtarocken.

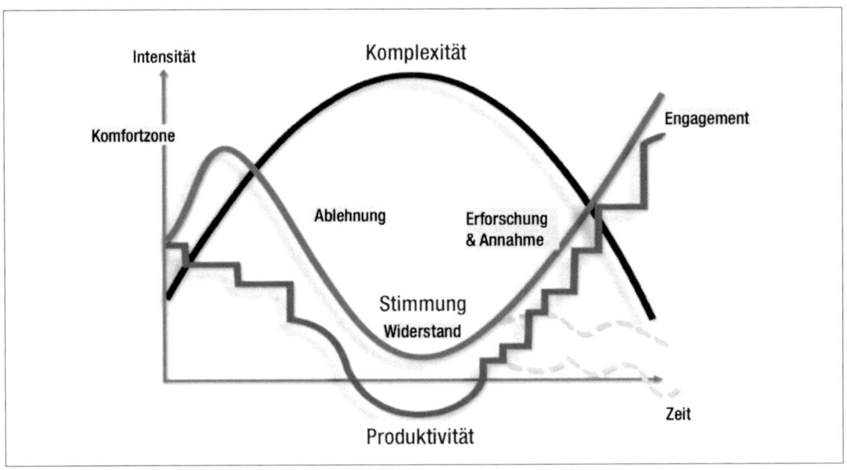

Abb. 50: Dynamik im Prozessverlauf

Gleichzeitig wird die Produktivität der Organisation beansprucht. Allein schon die Ankündigung einer Veränderung beeinträchtigt die Wertschöpfung, denn die Betroffenen beginnen, über die Veränderung mit ihren Chancen und Risiken nachzudenken, anstatt ihre eigentliche Arbeit zu tun. Dann verbringen sie Zeit mit der Projektarbeit an sich und investieren in Schulung der neuen Vorgänge. Auch diese Zeit und Aufmerksamkeit muss man von der Produktivität abziehen. Es können weniger Produkte und Dienstleistungen für den Kunden hervorgebracht werden. Und schließlich ist ein Bereich zu Beginn der Realisierung damit beschäftigt, die Innovation oder Veränderung im Alltag produktiv zu bekommen. Das trifft auf Software zu, aber auch auf Schnittstellenveränderungen der Organisation, auf Umzüge, oder nur auf „Umräumen im Lager". Es tauchen Fehler auf, die in keinem Test aufgetaucht sind. Die Produktivität sinkt weiter, und die Stimmung folgt ihr in den Keller. Die Führungskräfte werden nervös, und die Kunden fangen an sich zu beschweren. Die Führungskräfte stellen die „Schuldigen" zur Rede, alle sind beleidigt, der Ablauf klappt immer noch nicht und Frust und Hilflosigkeit greifen um sich. Das ist dann die Krise.

Bei Veränderungen, die Gewohnheiten und Routinen beeinflussen oder außer Kraft setzen, kommen diese Krisen fast immer vor. Jedes Projekt hat seine Stunde, wo man sich wünscht, man hätte nie damit begonnen. Krisen oder heftige Stimmungstiefs sind ja auch ein Indikator dafür, dass Veränderung bei den Betroffenen angekommen ist – was nicht immer etwas Positives bedeuten muss. Man kann keine neue Ordnung in ein System bringen, ohne die alte Ordnung auseinander zu nehmen. Und: „Man kann die Fackel der Wahrheit nicht durchs Gedränge tragen, ohne jemandem den Bart zu versengen", sagte Georg Christoph Lichtenberg (1742-1799).

Und wie stehen Organisationen solche Schwierigkeiten durch? Klar ist auf jeden Fall, dass die Fähigkeiten, die man dazu braucht, nicht über Nacht entstehen. Wenn man akzeptiert, dass solche Krisen zur Veränderung gehören, kann man sich aber vorbereiten. Dazu dient ein großer Teil des Projektvorgehens, den dieses Buch beschreibt. Schauen wir auf die Variablen zur Krisenbewältigung mit der Frage: Wie kommen Stimmung und Produktivität wieder nach oben, und zwar höher, als zu Beginn des Projektes?

Je besser die betroffenen Mitarbeiter schrittweise an die Veränderung herangeführt wurden, um so kleiner ist der Veränderungsunterschied. Viele Leute genießen auf dem Jahrmarkt das Kettenkarussell oder den Autoskooter, aber in der Achterbahn wird ihnen schlecht. In der Achterbahn herrschen auch die viel größeren Beschleunigungskräfte, und die kann nicht jeder genießen. Bei Projekten, die nicht darauf achten, wie viel Veränderungsintensität die Betroffen vertragen können, ist es genauso. Wenn Betroffene am Tag der Einführung nahezu überrumpelt werden, ist die „Zumutung" und das Erfordernis zur Veränderung so groß, dass nur die Notbremse hilft. Viele Fehler, Abstürze und Fehlleistungen in Einführungstagen sind darauf zurückzuführen, dass die Mehrzahl der Menschen mit einem plötzlichen „Ab heute ist alles anders" nicht zurechtkommen.

Wenn man das weiß, kann man Projekte so anlegen, dass sie die Eingewöhnung der Mitarbeiter mit berücksichtigen. Das geschieht mit einer vernünftigen Akzeptanz- und Beteiligungsarbeit von Anfang an, deren Grund und Gründlichkeit sich in einer Krise erweisen.

Dass die Produktivität sich reduziert, wenn Zeit und Energie auf Veränderung verlagert wird, ist klar. So kann man sich natürlich auch organisatorisch vorbereiten. Viele interne Bereiche können rechtzeitig mit ihren internen Kunden ins Verhandeln kommen, welche Rangfolge Leistungen haben, wenn es eng wird. Darüber hinaus kann man durch eine vorausschauende Urlaubsplanung und mit Aushilfen Kapazitätsengpässe puffern. Aber viele Führungskräfte laufen in Krisen mit der Haltung „Augen zu und durch!" oder „Was uns nicht umbringt, macht uns hart!" Welch ein Unsinn! Natürlich bleiben überlebte Katastrophen besonders gut in Erinnerung mit einem Gefühl wie „Glück gehabt". Aber im besseren Bewusstsein bleiben gemeisterte Herausforderungen, und zu Meisterschaft gehören Vorausschau, Umsicht, Sorgfalt und Entschiedenheit. Krisen bewältigen ist meist eine Frage des Könnens. Und professionell ist auch, dass man es nicht so weit kommen lässt, dass das Durchkommen nur noch von Glück abhängt.

In der Krise überschlagen sich oft die Ereignisse und einige verlieren die Nerven. Kunden beschweren sich, Mitarbeiter geraten aneinander, und jeder weiß genau, was alle anderen gerade falsch machen. Jeder weiß auch, was man schon immer hätte anders machen müssen. Dann wär's erst gar nicht so weit gekommen. Hier ist Führung gefragt. Aber auch Führungskräfte sind Menschen, die sich überfordert fühlen können und nur wenige sind auf die menschlich schwierigen Auseinandersetzungen gut vorbereitet. Manche reagieren dann entweder autoritär oder überhaupt nicht und beides vergrößert den Schaden. Aber es hängt davon ab, wie Führungskräfte mit den Mitarbeitern umgehen, ob sich die Stimmung im Bereich wieder erholt und verbessert. Wenn in solchen Situationen Beleidigungen übrigbleiben, kommt auch die Produktivität nicht mehr aus dem Tief, weil die Loyalität der Mitarbeiter geschwunden ist. „Für wen soll ich mich hier denn krumm machen?" fragen sich Leute, die den Glauben daran aufgegeben haben, dass ihr Bereich ein guter Platz für sie ist. Das ist die gefährlichste Situation für Unternehmen. Wenn frustrierte Mitarbeiter ihre Haltung zu ihrer Organisation auch vor den Kunden nicht verbergen, entsteht schnell wirtschaftlicher Schaden, weil den Kunden in der Regel egal ist, warum einer unfreundlich ist. In der Regel hat er die Wahl. Das zweite Risiko besteht darin, dass Mitarbeiter oft auch die Wahl haben, und zwar diejenigen am ehesten, die man am meisten braucht.

Aber auch darauf können sich Führungskräfte vorbereiten. Wenn während des Prozesses im Führungskreis die Arbeit an der Kultur, am Umgang miteinander und am Umgang mit Konflikten und Krisen gut vorbereitet wurden, behalten alle leichter ihre Ruhe. Wenn sich alle Entscheider darüber einig sind, dass man dem Stress nicht mit „Durchgreifen" begegnen will, sondern mit Verhandeln oder gar Zutrauen, kommt das bei den Mitarbeitern auch an. Und man kann auch als Führungskraft seine Fähigkeit erweitern, in Konflikten wirkungsvoll und respektvoll zu kommunizieren. Wir glauben, dass die persönlichen Fähigkeiten von Entscheidern und Führungskräften in schwierigen Zeiten fast das einzig Entscheidende sind.

Mit Widerstand umgehen

Wie Unterstützung oder Widerstand mit Zustimmung oder Ablehnung zu tun haben, war bereits im Kapitel 4 ein Thema: Wenn man vor allem die Ablehnenden dafür „bestraft", dass sie abweichende Interessen haben, bekommt man Ärger. Doch inhaltliche Interessenunterschiede sind nicht der einzige Grund, warum sich Widerstand in Projekten zeigt. Gründe können auch im Persönlichen liegen oder mit Veränderungsintensität und -tempo zu tun haben.

Gründe für Widerstand

Diese Gründe für Widerstand kann man in vielen komplexeren Projekten vorfinden:

- Ungenügende Qualität: die Lösungen werden als zu schlecht oder zu flach angesehen
- Übergangene Interessen und Bedürfnisse
- Zu geringe Beteiligung: Nicht gefragt bzw. übergangen worden sein, z.B. wenn Führungskräfte sehr lange bereits für ein Thema verantwortlich waren und nun eine Projektgruppe ihnen ins Gehege kommt
- Informationsmangel oder -überflutung
- Zu hohe Veränderungsdynamik: zu viele Veränderungen in kurzer Zeit, etwa mehrere unterjährige Führungswechsel oder Reorganisationen in Folge
- Unklare Ausrichtung auf Strategie, so dass Betroffene nicht (mehr) verstehen, warum und wozu das Projekt gemacht wird
- Überforderung: zu viel Neues, zu hohe Komplexität als psychische Stressoren
- Überlastung: zu viel Arbeit, zu wenig Zeit
- Infrage stellen der Identität, etwa wenn eine Gruppe ihre Funktion verliert
- Gefährdete Zugehörigkeit: Wechsel der Kollegenschaft durch Neuzusammensetzung von Teams
- Ängste: nicht zu genügen oder zu versagen
- Persönliche Aversionen gegen Handelnde
- Nicht zur bestehenden Kultur passend

Nur kann man selten unmittelbar sehen oder hören, woran es genau liegt, denn wie sich Widerstand zeigt, hat vielfältige Formen: vom passiven Aussitzen bis zum lautstarken Krawall. Doch Widerstand ist immer ein Ausdruck davon, dass Interessen und Bedürfnisse von Betroffenen in einer Weise beeinträchtigt werden, die diese zum Handeln bringt.

Der Ratschlag, dass man das alles ernst nehmen muss, ist banal, und er hilft nicht recht. Doch ein Blick hinter die Kulisse von Widerstand hilft schon. Denn meist werden dann Anliegen sichtbar, die Roger Fisher und Daniel Shapiro, die Leiter des Harvard Negotiation Project, in ihrem Buch Beyond Reason[9] sehr pragmatisch auf den Punkt gebracht haben. (Fisher/Shapiro 2006). Fisher und Shapiro sind erfahrene Verhandlungsführer, Mediatoren und Mediatorenausbilder (unter anderem für Kriseninterventionsteams der Polizei bei Überfällen und Entführungen etc.) und beschreiben, welche Muster ihnen in kritischen Verhandlungssituationen wiederholt begegnet sind. Demnach werden Zusammenarbeit und Verhandlungen immer dann schwierig, wenn eines (oder mehrere) der fünf Kernbedürfnisse (core concerns) nicht erfüllt oder gar verletzt wird.

[9] deutsch: „Erfolgreicher verhandeln mit Gefühl und Verstand" von Roger Fisher, Daniel Shapiro und Jürgen Neubauer (Campus, 2007)

Interessen und Bedürfnisse: Die 5 Core Concerns

Entweder-oder	Es wird verletzt wenn, ...	Es wird erfüllt wenn, ...	Umsetzung:
Anerkennung (appreciation)	Gedanken, Gefühle und Handlungen abgewertet werden	Gedanken, Gefühle und Handlungen wahrgenommen und geschätzt werden	Erkenne an, was die Menschen denken und tun und drücke Anerkennung aus
Zugehörigkeit (affiliation)	Jemand als Gegner behandelt und auf Abstand gehalten wird	Jemand als Kollege behandelt wird	Schaffe Verbundenheit
Selbstbestimmung (autonomy)	Entscheidungsfreiheit begrenzt und beeinträchtigt wird	Angemessene Entscheidungsfreiheit respektiert wird	Vergrößere die Handlungsspiel-räume
Status (status)	jemand im Rang geringer als andere gehandelt wird	der angemessene Rang volle Beachtung findet	Respektiere den Rang einer Person
Rolle/Zuständigkeit (role)	die gegenwärtige Rolle und die daraus resultierenden Aufgaben jemanden nicht erfüllen	jemand seine/ihre Rolle so definieren kann, dass sie ihn/sie voll erfüllt	Achte die Rolle und die Aufgabe, die jemand hat

Abb. 51: Five Core Concerns

Interessen und Bedürfnisse: Die 5 Core Concerns

In schwierigen Situationen in Projektgremien schreiben wir oft nur die Namen der fünf Kernbedürfnisse ans Flipchart und fragen die Anwesenden, um welches es denn jetzt gerade wohl geht, bzw. was ihnen denn gerade am meisten fehlt. Das hilft erhitzten Gemütern dabei, sich darüber bewusst zu werden, was sie da eigentlich so sehr antreibt. Denn immer, wenn eines der genannten Kernbedürfnisse nicht erfüllt ist, erhalten Emotionen wie Ärger, Frust oder Zorn Nahrung. „Concern fuels emotion" – Das frustrierte Bedürfnis „befüllt" die Emotionen mit Ladung. Dann kommt es darauf an, diese Emotionen nicht zu bekämpfen (und damit zu verstärken), sondern ihre Botschaft wahrzunehmen: nämlich dass ein wichtiges Anliegen gerade nicht erfüllt ist und dass der oder die Betroffene ziemlich engagiert ist, dies zu ändern.

Interessen integrieren: Das Reconciliation-Tool

Veränderungsprozesse führen häufig zu Interessenkonflikten. Um die beste Lösung, um den Bestand des status quo, um Aufwände, die für unnötig gehalten werden, um Ressourcen, die immer zu knapp sind. Oder eben um die core concerns. Das ist mitunter lästig. Es hält auf und erfordert mehr Zeit und Aufmerksamkeit, als man gerade zur Verfügung hat. Dann ist die Versuchung groß, auch schwierige Probleme auf möglichst schnelle und einfache Weise zu lösen, nicht selten mit radikalen Ansagen aus Entscheidermund.

Doch falsch verstandene Entscheidungsfreude, die ein Problem vom Tisch haben will, statt es fundiert zu lösen, führt in Pseudolösungen. Komplexe Problematiken im Veränderungsprozess erfordern ein Vorgehen auf ein gutes und akzeptables Ergebnis. Das heißt: so lange daran zu arbeiten, bis Klarheit über die inhaltliche wie soziale bzw. emotionale Komplexität herrscht und fundiert entschieden werden kann, was man nun damit macht. Dabei ist mit Klarheit nicht Detailwissen, sondern eher Einsicht in die relevanten Faktoren und deren Zusammenhänge gemeint. Dazu ist eine Art des Denkens erforderlich, welche die Entweder-oder-Haltung durch den Sowohl-als-auch-Blickwinkel ersetzt. Das bedeutet, bei Auseinandersetzungen allen Beteiligten zuzugestehen, dass auch sie gute Gründe für ihre Sichtweise haben, und dass für ihre Interessen dasselbe Recht auf Berücksichtigung gilt wie für die eigenen. Man muss ja beileibe nicht vorschnell nachgeben, aber an der Wurzel kapieren, was man ablehnt: Das muss man schon.

Es ist also eine Haltung, die den Andersdenkenden nicht für einen Schwachkopf hält, sondern für einen Mitstreiter um die besten Ergebnisse: Dies erst macht einen Prozess möglich, den der Niederländer Fons Trompenaars »Reconciliation« (engl.: Aussöhnung, Versöhnung, Beilegung eines Konflikts) nennt. Er hat sich sein ganzes Berufsleben lang in internationalen Kontexten erfolgreich um die Auflösung von Dilemmata bemüht (Business Across Cultures, 2003). Dazu hat er eine schlichte Visualisierung eingeführt, die das Denken dreht und neue Perspektiven eröffnet: Statt einen Konflikt in der Form von Entweder-Oder abzubilden, stellt er die unterschiedlichen Konfliktpositionen in einem Koordinatenfeld dar. So entsteht auf dem Papier und im Kopf eine Idee von Lösungsraum.

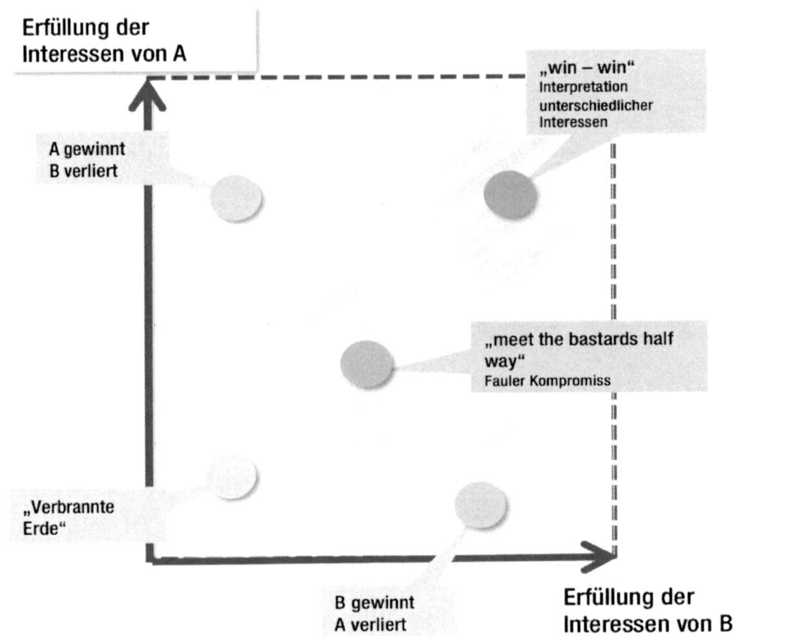

Abb. 52: Reconciliation

Die Idee des Lösungsraumes geht davon aus, dass Partei A etwas für sich haben bzw. erreichen möchte und dass dieses Anliegen sich nicht zwangsläufig gegen die Anliegen der Partei B richtet. Doch die Angst, man könnte zu kurz kommen, kann schnell dazu führen, dass zwischen den Parteien ein Konkurrenzkampf entbrennt und es den Kontrahenten gar nicht mehr einfällt, konstruktiv und kooperativ miteinander zu reden. Da hilft es dann, wenn eine Person anwesend ist, die für niemanden Partei ergreift, sondern beiden Seiten hilft, sich darüber klar zu werden, was man selbst und was die jeweils andere Partei wirklich will und braucht. Dadurch können Lösungen gefunden werden, die im Idealfall für alle Beteiligten mehr bringen, als ihre ursprüngliche Position dies getan hätte.

Zwei Kinder stritten um eine Orange, und jedes Kind wollte sie unbedingt ganz haben. Als es der Mutter zu lästig wurde, teilte sie die Orange in zwei Hälften und gab jedem Streithahn eine. So presste der eine seine Hälfte aus, denn er war durstig, und warf die Schale weg. Der andere dagegen verwendete seine halbe Schale für einen Kuchen und ließ das Fruchtfleisch liegen. Dabei hätte jeder das, worauf es ihm angekommen war, haben können, und zwar zu 100 Prozent. Doch dafür hätten sie – statt kämpfen – ihre Motive offenlegen müssen. Eine Minute Kommunikation für 100% bessere Ergebnisse: Das wäre effektiv gewesen!

Neurobiologie der Leidenschaften

Doch warum geschieht nicht, was doch so vernünftig ist? Was passiert eigentlich, wenn jemand schier ausrastet, weil er nicht bekommt, was er will?

Wir tragen tief im Gehirn, im stammesgeschichtlich älteren limbischen System, eine Art „Feuermelder" mit uns, den die Neurowissenschaftler Amygdala (Mandelkern) nennen. Die Amygdala ist im Wesentlichen an der Entstehung von Angst beteiligt, spielt aber auch eine zentrale Rolle bei der Wiedererkennung und emotionalen Bewertung von Situationen sowie bei der Analyse möglicher Gefahren. Sie verarbeitet externe Impulse und leitet vegetative Reaktionen ein. Bei Gefahr schlägt sie Alarm und löst mit ihren neuronalen Signalen so starke Kampf- oder Fluchtbereitschaft aus, dass der Frontalkortex, der ja eigentlich für die Handlungssteuerung zuständig wäre, überrumpelt und umgangen wird und dem Einsatz sozusagen nur noch zusehen kann. In einer Zeit, als das Überleben des Menschen deutlich gefährdeter war als in unseren Tagen, bildete das Gefahrengedächtnis der Amygdala die Basis der lebenswichtigen Warn- und Abwehrmechanismen. Ihr Ausfall führt zum Verlust von Furcht- und Aggressionsempfinden und so zum Zusammenbruch der lebenssichernden Systeme.

Unter dem Regiment der Amygdala spielt ein Hormon eine besondere Rolle: Adrenalin. Als Stresshormon steigert es die Herzfrequenz, lässt den Blutdruck in die Höhe schnellen, erweitert die Bronchiolen und sorgt für eine schnelle Bereitstellung von Energiereserven durch Fettabbau und Freisetzung von Glucose. Das bedeutet: Wer angst- oder ärgerbedingt in Stress gerät, ist voller Adrenalin, und so flucht- bzw. kampfbereit, dass er oder sie zu einem ruhigen, friedlichen Meinungsaustausch gar nicht mehr in der Lage ist.

Adrenalin baut sich zwar von selbst wieder ab, man beruhigt sich, und die für die Vernunft zuständigen Gehirnareale können ihre Arbeit wieder aufnehmen. Aber das dauert eine Weile. Deshalb brauchen wir, wenn wir beim Verhandeln in Angst und Streit geraten sind, Zeit und/oder Hilfe. Am besten funktioniert Adrenalinabbau durch Bewegung. Daher kann eine Verhandlungspause, die für einen schnellen Spaziergang genutzt wird, mitunter Wunder wirken. Außerdem kann ein neutraler Gesprächshelfer Ruhe in eine angespannte Situation bringen, wenn er von den Parteien nicht als Bedrohung wahrgenommen wird und wenn er ihnen vermitteln kann, dass unterschiedliche Interessen nicht automatisch zur Niederlage einer Seite führen müssen; und dass eine Lösung, mit der beide Seiten leben können, nicht durch Kampf, sondern durch Verhandeln möglich ist.

Doch das gelingt nicht immer. Die Amygdala speichert als Angstgedächtnis jeden Verlust, jede Bedrohung und jedes Trauma, und wer schon viel Beängstigendes erlebt hat, hat eine niedrigere Auslöseschwelle. Der „Alarmknopf“ liegt deshalb bei manchen Menschen ziemlich blank und kann auch versehentlich ausgelöst werden. Kann man vorbeugen? Eventuell schon, denn erwachsene Menschen verfügen ja durchaus über die Fähigkeit, die eigene psychische Mobilmachung wahrzunehmen, bevor sie in die Schlacht ziehen; Bewusstheit lautet hier das Stichwort. Erwachsene sind normalerweise, anders als Dreijährige oder Pubertierende, in der Lage, eine sich anbahnende Emotion wahrzunehmen, einzuordnen und daraus relevante Schlüsse zu ziehen, und zwar bevor der Frontalkortex überwältigt ist.

Man kann also sozusagen den inneren Alarmknopf vor allzu leichter oder versehentlicher Betätigung schützen, eine Schutzscheibe darüberbauen und „Missbrauch verboten“ daraufschreiben. „Missbrauch verboten“ steht dabei für eine zweite Fähigkeit, die Dreijährigen und Pubertierenden oft nur eingeschränkt zur Verfügung steht: Disziplin. Doch wie geht das, emotionale Disziplin zu halten? Der untaugliche Weg ist Verdrängung, d. h. der radikale Versuch, die eigenen Gefühle überhaupt nicht mehr wahrzunehmen, sie zu blockieren und auszusperren. Bis zu einem gewissen Grad funktioniert das; man kann Gefühle schon ignorieren. Aber es hilft nicht wirklich. Im Gegenteil, wenn man bei einem Dampfkochtopf, der zischt, weil es in ihm brodelt, die Ventile verlötet, bereitet man seine Explosion vor. Die positive Alternative zur Verdrängung heißt: Achtsamkeit. Was altmodisch klingt, ist der zentrale Schlüssel zu Bewusstheit und emotionaler Freiheit. Achtsamkeit bedeutet, automatische Gefühlsabläufe zu unterbrechen und damit eingeschliffenen Reaktionsweisen auf äußere Reize und innere Befindlichkeiten die Zwangsläufigkeit zu nehmen. Emotionale Freiheit heißt, dass ich wahrnehme, achtsam registriere, was um mich herum und in mir geschieht, und dann bewusst meine Reaktion wähle. Der innere Beobachter bleibt also verbunden mit dem, was er beobachtet. Aber er ist nicht identifiziert.

Dafür gibt es seit vielen Jahren eine Übung. Sie heißt „Wahrnehmen – vermuten – ...“ und funktioniert folgendermaßen: Formuliere eine Wahrnehmung bzw. Beobachtung in Bezug auf einen anderen Menschen und finde oder erfinde dann mindestens fünf Vermutungen, warum er oder sie sich so verhält. Dazu ein Beispiel: Ich bemerke, dass ein Kollege erst sieben Minuten nach Sitzungsbeginn in den Besprechungsraum kommt (das kann ich sehen und hören). Ich vermute erstens, dass er verschlafen hat; zweitens, dass er aus Prinzip zu spät kommt, um seine Wichtigkeit zu betonen; drittens, dass er in einen Verkehrsstau geraten ist; viertens, dass seine Liebste ihn nicht hat ziehen lassen; fünftens, dass er diese Sitzung ohnehin überflüssig findet.

Interessanterweise werden, je nachdem, welche Vermutung ich für wahr halte, völlig unterschiedliche Gefühle in mir ausgelöst. Die Bandbreite reicht von verständnisvoll oder mitleidig (wegen des Staus) über amüsiert (wegen der Macht seiner Liebsten) bis hin zu ärgerlich (wegen der Arroganz) und frustriert (wegen der Ignoranz). Für meine Gefühle ist also nicht das Verhalten des anderen verantwortlich, sondern meine persönliche Auswahl an Erinnerungen und Assoziationen, und mit denen hat der andere nun überhaupt nichts zu tun!

Wir sind also grundsätzlich in der Lage, unsere Emotionen, solange sie noch nicht „Alarmstufe Rot“ ausgelöst haben, mit Achtsamkeit einzuordnen und zu verstehen. Ein Ereignis von außen vergleicht unser Gehirn – in der Regel zunächst ohne das Bewusstsein zu informieren – mit Ähnlichem, das wir schon erlebt haben. Es legt innerlich gewissermaßen den alten Film ein, reaktiviert die Bilder, Geräusche und Stimmungen von damals und verbindet die wachgerufenen Emotionen mit unserer aktuellen Wahrnehmung.

Damit lässt sich die Frage beantworten, ob und wie man vorbeugen kann, um nicht allzu oft von seiner Amygdala überrumpelt zu werden: Man kann das Wahrnehmen-Vermuten üben. Man kann sich darin schulen, zu unterscheiden, was im Hier und Jetzt relevant ist und welche alten Erinnerungen und Assoziationen dadurch wachgerufen werden. Wer zum Beispiel einmal von einem Hund gebissen wurde, kann wieder lernen, dass nicht jeder Hund gefährlich ist und dass heftiges Schwanzwedeln in der Regel Freundlichkeit signalisiert. In diesem Wissen kann man dann relativ unvoreingenommen mit Hunden umgehen, obwohl man sich erinnert, dass man schon unfreundlichen Exemplaren begegnet ist. Das gibt einem die Freiheit des Erlebens zurück.

Wenn also in Problemsituationen echte Kommunikation gelingt, dann wird der andere von einem Gegner zu einem möglichen Partner auf der Suche nach brauchbaren Lösungen. Dann führt die Anwendung des Lösungsraum-Gedankens dazu, dass beiden Seiten klar wird, was ihre jeweiligen Interessen und Bedürfnisse sind und welchen Bedingungen Lösungen genügen müssen, damit sie für beide funktionieren.

Diese Überlegungen liefern zwar noch nicht die fertigen Lösungen, aber die Kriterien für akzeptable Lösungen: „Aus meiner Sicht müsste eine Lösung ermöglichen, dass wir ..." – „Mir ist an der Lösung wichtig, dass ich damit ...". Dabei ist es unserer Erfahrung nach gar nicht so wichtig, dass jeder 100 Prozent seiner eigenen Interessen erfüllt sieht. Schon wenn jeder das Gefühl hat, dass seine Sicht und seine Anliegen genauso ernst genommen werden wie die der anderen, entspannt sich die Lage. Im Kern geht es darum, aus dem Pokerspiel auszusteigen und mit dem Puzzeln zu beginnen. Wir müssen von „Was immer einer gewinnt, verliert ein anderer" zu „Was immer einer beiträgt, nützt allen gemeinsam" gelangen.

Ist das schwach und verweichlicht? Wir glauben nicht. Ganz im Gegenteil, Achtsamkeit zu lernen, ist harte Arbeit. Die Fähigkeit, sie anzuwenden, wächst mit der Übung. Erst mit der Zeit entsteht, was wir echte Souveränität nennen: beeindruckende Ruhe, stille und klare Autorität. Und was der Persönlichkeitsentwicklung eines Entscheiders zuträglich ist, nutzt auch seinem Unternehmen.

So schließt sich der Kreis: Veränderungskompetenz ist der Schlüssel für erfolgreiche Unternehmen in dynamischen Märkten. Und der Bedarf an Veränderungskompetenz in Unternehmen und Organisationen ist gigantisch. Sie beinhaltet solides Handwerk für Projekt- und Kommunikationsmanagement. Sie umfasst Kraft und Entschiedenheit, um Teams wie Projekte erfolgreich durch Wandel zu führen. Und sie ist verbunden mit persönlicher Entwicklungskompetenz, die sich zeigt, wenn ein Entscheider als Vorbild für Lernen und Trainieren, für Reflexion und Konsequenz, für Mut und Ausdauer handelt. Das ist nichts für einsame Wölfe und für narzistische Alphatiere. Doch die Welt ist ebenso voll mit Entscheidern, die ihre Macht transparent und verantwortlich einsetzen: Für gesunde und nachhaltige Entwicklungsprozesse zum Wohl ihrer Unternehmen, der Menschen darin und der Gesellschaft darum herum. Für diesen Kreis von Entscheidern ist dieses Buch geschrieben. Wenn Sie ein paar mehr davon kennen, geben Sie es weiter!

Nachtrag

Wie man Projekte scheitern lässt: 15 Tipps für Fest-Entschlossene

Die Welt ist voller guter Ratschläge und Ratgeber, wie man Projekte zum Erfolg führt. Aber mal ehrlich: Verdienen wirklich alle Projekte, dass sie gefördert und realisiert werden? Na bitte! Manchmal muss man sich einfach wehren und dafür sorgen, dass ein Projekt scheitert oder im Sande verläuft.

Dabei hat gerade der Projektmisserfolg Methode; das Scheiternlassen wird statistisch schließlich viel erfolgreicher umgesetzt als das Gelingen – 80% aller Projekte erreichen ihre Ziele nicht, belegen zahlreiche Studien. Deshalb lassen Sie uns mal zusammentragen, wie das methodisch geht! Die Prinzipien hinter der „Zersetzungslehre von Projekterfolg“ sind einfach und in Kombination unschlagbar.

Das erste Prinzip heißt: Interessen und Bedürfnisse von Beteiligten aktiv ignorieren. Welche „Core Concerns“ sich dafür besonders gut eignen, haben Roger Fisher und Daniel Shapiro vom Harvard Negotiation Project überzeugend dargestellt: Anerkennung – Zugehörigkeit – Autonomie/ Selbstbestimmung – Status und Rolle. Siehe Kapitel acht. Wie sich dies nutzen lässt, lehrt uns die Hirnforschung: Je mehr es gelingt, Menschen zu emotionalisieren, je höher man ihren Adrenalinspiegel treiben kann, umso weniger steht ihnen Rationalität zur Verfügung, weil der Frontalkortex im adrenalinbesoffenen Zustand auf Sparflamme läuft. Das schützt erfolgreich vor durchdachten Ergebnissen oder gar realisierbaren Konzepten.

Das zweite Prinzip nimmt sich die Botschaft aus der bekannten „Yerkes-Dodson-Kurve“ zu Herzen, die den Zusammenhang von Stress und Performance beschreibt: Die Leistungsfähigkeit von Menschen ist entweder bei Unterforderung oder bei Überforderung niedrig. Damit lässt sich prima arbeiten, denn sowohl Leerlauf als auch Hektik und Überforderung lassen sich in modernen Unternehmen herstellen, ohne dass das gleich auffällt.

Und drittens kann man an der Komplexitätsschraube drehen. Dabei bieten sich wieder zwei Möglichkeiten: man kann eine gegebene fachliche und soziale Komplexität eines Projektes entweder ignorieren und so tun, als wäre alles ganz einfach. Dann entstehen auch nur banale Lösungen, die zu kurz greifen und nicht viel bewirken. Oder man erhöht die Komplexität so, dass in vernünftiger Zeit keine Ergebnisse mehr erzielbar sind.

Bevor wir zur Praxis kommen, sei eine ernste Warnung ausgesprochen: Spielen Sie mit diesen Tipps nicht unachtsam herum, denn sie wirken wie der Kupfernagel im zu beseitigenden Baum auf dem Nachbar Grundstück: erst langsam, dann aber sicher, mit katalytischer Wirkung und unumkehrbar. Ist der Projektzerstörungsmechanismus erst mal in Gang gesetzt, gibt es kein Halten mehr.

Die Tipps im Einzelnen:

1. Konzentriere Dich aufs Wesentliche, lasse Zusammenhänge außer Acht!

Blende Zusammenhänge und Vernetzungen so aus, dass Lösungen möglichst im Sande verlaufen. Eine enge Projektdefinition verschiebt zudem das Problemfeld vom eigenen Verantwortungsbereich in die Zuständigkeit Anderer. So bleibt das Risiko einer wirksamen Veränderung stets überschaubar. Wenn z.B. der Produktabsatz stagniert, muss die Produktion für ein Marketingprojekt sorgen, weil „die Kundinnen und Kunden unser Angebot noch nicht genug angenommen haben...". So spart man das Nachdenken über Qualität, Service und Innovation und wenn es nicht funktioniert, ist die Werbeabteilung schuld.

2. Löse nur Probleme, die sichtbar sind.

Nur Symptome anzupacken anstatt im Sumpf der Ursachen zu wühlen, verspricht schnelle Linderung des Leidensdrucks und lässt den Ruf nach größeren Veränderungen verstummen. Symptomlösungen funktionieren umso besser, je weniger sie mit Folgeschäden und Problemen an anderer Stelle im System in Verbindung gebracht werden können. Wenn man etwa „Probleme" eines Unternehmens als Kostenprobleme definiert und dann mit einem Kostensenkungsprogramm beantwortet, bleibt der betroffene Personenkreis klein und die notwendigen Maßnahmen berechenbar. Nicht nachdenken muss man dann über: Führung, Qualifikation, Potenziale, Unternehmensziele, Kultur und wie viel Platz die Mitarbeiter für ihr Engagement haben. Und dass Abwanderung der besten Mitarbeiter, höhere Krankenstände, innere Kündigung usw. etwas mit Rationalisierungsprogrammen zu tun hätten oder gar deren Flurschaden wären, ist ja nur bösartige Propaganda.

3. Starte Dein Projekt erst, wenn wirklich alles zu Ende gedacht ist – oder alternativ: vergeude keine Zeit mit der Planung!

Egal, welche Alternative gewählt wird, Erfolg ist gesichert. Bei der ersten Variante wird jede konkrete Veränderung so weit in die Zukunft geschoben, dass man sie nicht mehr selbst erleben muss. Alle Menschen und alle Dinge werden so ernst und wichtig genommen, dass letztlich für niemanden so richtig Aufmerksamkeit übrigbleibt. Darüber hinaus erhöht sich die zu bewältigende Komplexität so sehr, dass für alle bald einsichtig wird, dass man sich wohl übernommen hat und am Besten das Vorhaben aufgibt. So endeten u.a. der Turmbau zu Babel, das amerikanische SDI-Projekt (zum Glück) und viele Reorganisations- oder Reformvorhaben.

Die zweite Variante ist noch zeitgemäßer und vor allem aktivitätsbetonter: Man ignoriert jede Komplexität, handelt sofort und beschäftigt möglichst viele Mitarbeiter damit. So entsteht der Eindruck, man hätte alles bestens im Griff.

4. Versuche möglichst alles selbst im Griff zu behalten und vermeiden Reflexionen über die Projektarbeit!

Kontrollieren Sie ein Projekt stets so intensiv, dass nichts ohne Ihr Wissen und Ihre Zustimmung geschehen kann. Damit kann sich auch nichts verselbständigen und jede Entwicklung wird so verlangsamt, dass alle Veränderungsenergien entweder ausgebremst oder auf Nebenkriegsschauplätze verschoben werden. Da so viel Kontrolle sehr viel Arbeit macht, kann man damit ein Image als engagierter Veränderer erhalten.

Achten Sie weiterhin auch sorgfältig darauf, dass jegliche Reflexion über die Projektarbeit unterbleibt. Denn aus reflektierter Erfahrung könnte man lernen und so die Effektivität verbessern und Fehler vermeiden. Und außerdem: Wer Zeit zum Reflektieren hat, gestattet sich wohl Fehler zu machen, und die wollen Sie doch auf jeden Fall vermeiden. Schließlich haben Sie alles im Griff!

5. Produziere möglichst viel Druck und möglichst hohes Tempo!

Diese Regel wirkt mit vielen anderen mit hoher Synergie zusammen. Zudem lenkt sie wie keine andere die Projektmitarbeiter ab, da sie nun vorwiegend mit der Vermeidung unangenehmer Konsequenzen beschäftigt sind. Druck und Hektik stellen sicher, dass die Projektbeteiligten zwar „Anstrengung" zeigen, nicht aber Ergebnisse.

6. Diffamiere Engagement und Unternehmungslust als Hektik!

Damit regeln Sie die Geschwindigkeit von Leuten, deren Engagement allen bisherigen Maßnahmen zum Trotz tatsächlich Veränderung befürchten lässt. Man betont z.B., dass das Tagesgeschäft nicht vernachlässigt werden darf und dass die heutigen Kunden schließlich wichtiger sind als die zukünftigen.

7. Beschäftige nur Veränderer im Projekt!

Je mehr Progressive, Moderne, Veränderer und Innovatoren an einem Projekt mitarbeiten, um so größer ist die Chance, dass sie sich am Widerstand der Bewahrer, Erhalter und Bremser die Hörner abstoßen. Das stellt sicher, dass die Kraft und Energie nicht in die Projektarbeit, sondern in die gruppendynamische Auseinandersetzung der Beteiligten strömt und dort relativ wirkungslos verpufft. Je klarer den Bewahrern wird, dass sie nichts mehr zu sagen haben, desto mehr steigen sie auf die Bremse und desto mehr geben die Veränderer Gas. So halten sich beide Gruppen prima in Schach und kein Mensch kommt auf die Idee, wer dahintersteckt. Zudem wird damit der Beweis angetreten, dass Veränderungen eben nicht so einfach sind.

8. Sorge für Geheimhaltung oder für großzügige Informationspolitik!

Geheimhaltung sorgt für Gerüchte und Ängste, die man zunächst wunderbar ernst nehmen kann, und damit verzögert sich natürlich das Projekt. Danach empfiehlt es sich, das aufkeimende Interesse an der Veränderung in einer Informationsflut zu ersticken. Damit wird gewährleistet, dass die Betroffenen schnell wieder die Lust am informiert sein verlieren. Beide Strategien genießen eine hohe Wertschätzung im Unternehmen: Wer nicht gleich alles an die große Glocke hängt, schafft keine Unruhe im Unternehmen und lenkt die Mitarbeiter nicht von der Arbeit ab. Und wer großzügig informiert, gilt als offen, kommunikativ und kooperativ.

9. Finde oder erfinde Sündenböcke!

Sündenböcke eignen sich hervorragend, um eventuelle Veränderungsenergien auf Personen umzuleiten, bevor sie in die Themenbearbeitung fließen. Diese Regel könnte auch heißen: Löse die Schuldfrage und nicht das Problem!

10. Beschreibe nur Probleme, die zu Deinen Lieblingslösungen passen!

Das passt gut zu Regel 1 und 2; denn auch hier können Sie Ihre vertrauten Lösungsmöglichkeiten beibehalten. Offene und lösungsneutrale Problembeschreibungen bergen dagegen die Gefahr, dass unbekannte oder unberechenbare Aspekte auftauchen, für die Sie keine Lösungsmöglichkeiten haben und die daher Unsicherheit und Angst auslösen. Durch die „richtige“ Problembeschreibung stellen Sie sicher, dass sich – wenn sich Veränderungen schon nicht vermeiden lassen – wenigstens vertraute und berechenbare Lösungen entwickeln können. Wenn Sie als Führungskraft z.B. mit Ihren Mitarbeitern nicht gut zurecht kommen, beschreiben Sie sie als zu wenig kooperativ und verordnen ihnen ein Teamtraining (und wenn's nicht hilft, waren die Trainer unfähig...). Und wenn Ihre Mitarbeiter mit ihren Kunden nicht freundlich genug umgehen, wird ein Verhaltenstraining zur Kundenorientierung immer wieder gern genommen. So kommt niemand auf die Idee, den internen Ursachen, die gute Kundenorientierung erschweren, auf den Grund zu gehen.

11. Sorge dafür, dass stets bei den Anderen begonnen werden muss!

Konstruieren Sie Ihr Projekt so, dass Sie erst dann beginnen können, wenn sich bei anderen Personen oder in anderen Bereichen schon etwas verändert hat. So lassen sich schnell brauchbare Sündenböcke finden – ganz im Sinn der Regel 9. Zudem wird damit bei den anderen so viel Widerstand erzeugt, dass diese erst gar nicht mit den Veränderungen beginnen. Nehmen Sie sich ein Beispiel an den Spardebatten zwischen Bund, Ländern und Gemeinden oder zwischen Politik, Arbeitgebern und Gewerkschaften.

12. Sorge dafür, dass die ungeschriebenen Regeln Deiner Organisation ungeschrieben bleiben!

Diese Regel ist eine der wichtigsten, weil Transparenz über Regeln, die in einer Organisation den bestehenden Zustand erhalten und stabilisieren, die größte Gefahr bergen, dass Veränderung möglich wird. Deshalb sollten Sie mit allen Mitteln vermeiden, diese Transparenz herzustellen. Schließlich vergeuden anständige Realisten ihre Zeit auch nicht mit irrationaler Sozialphilosophie. Wenn Sie Innovation verhindern möchten, sorgen Sie also dafür, dass Regeln wie „Null Fehler!" oder „Keine Experimente" am Wirken bleiben, ohne dass ihr Zusammenhang mit Entwicklung und Veränderung deutlich wird.

13. Halte die Ressourcen für die Projektarbeit möglichst knapp!

Das hilft dabei, dass das Tagesgeschäft stets die Priorität behält und der Veränderungsprozess auf dem Boden des Machbaren bleibt. Zudem ist ein sorgfältiges Kostenmanagement und der eiserne Wille zum Sparen (bei Finanzen, Personal, Phantasie, Ideen, Energie,...) von hohem Imagewert.

14. Vermeide Konflikte oder integriere bestehende Konfliktpositionen!

Diese Regel ist die reinste Sparbüchse für Verhinderungspotential. Denn Konflikte binden die Energie und Entwicklungslust nur solange, wie sie nicht bearbeitet werden. Wer Konflikte außen vor lässt, verhindert Klärungen, die zum Entstehen von funktionierenden Lösungen notwendig wären. Außerdem sorgt er dafür, dass Vorbehalte gegen Ideen oder Lösungen aufrechterhalten bleiben und dann wirksam werden, wenn ihre Realisierung droht. Durch die Nicht-Bearbeitung von Konflikten können Sie schließlich auch Ihr Image verbessern. Denn als guter Projektmanager lassen Sie sich natürlich nicht von jedem kleinen Hindernis oder Widerspruch vom Ziel abbringen.

15. Führe rasch Beschlüsse herbei und sorge dafür, dass sie für Veränderung gehalten werden!

Mit dieser Maßnahme können Sie die Qualität von Entscheidungen so gering halten, dass sie im Laufe des Prozesses immer wieder angezweifelt und/oder verändert werden müssen. Das führt im besten Fall dazu, dass Zweifel am gesamten Veränderungsprozess entstehen und dieser daher mühelos „wegentschieden“ werden kann. Rasche Beschlüsse sind zudem sehr befriedigend, weil sie den Gremien ein Gefühl von hoher Effektivität, Entscheidungsfreude und Beschlusskraft geben. Gelingt es dann auch noch, die Entscheidung zu „verabschieden“, dann ist meist auch das Thema insgesamt „erledigt“. So entsteht der Eindruck, man hätte eine Veränderung bewirkt, obwohl man sie nur beschlossen hat.

Abbildungsverzeichnis

Literaturverzeichnis

Bedienungsanleitung für ein menschliches Gehirn, Hüther, Gerald, Göttingen, 2005

Bewerten, Beurteilen, Entscheiden, De Bono, Edward, Manager Edition, Frankfurt, 2004

Business Across Cultures, Trompenaars, Fons / Woolliams, Peter, Capstone Books, England, 2005

Business Think, Marcum, D. / Smith, St. / Khalsa, M., Redline Wirtschaft, München, 2002

Change! 15 Fallstudien zu…, Berner, Winfried, Schäffer-Poeschel Verlag Stuttgart, 2010

Change-Management Handbuch, Kraus, Georg / Becker-Kolle, Christel / Fischer, Thomas, Cornelsen Verlag Scriptor GmbH & Co.KG, Berlin, 2006

Change 2.0, Klewes, Joachim / Langen, Ralf, Springer Verlag, Berlin, 2008

Change Management – aktiv gestalten, Claßen, Martin, Wolters Kluwers, Köln, 2008

Change-Management Handbuch, Kraus, Georg / Becker-Kolle, Christel / Fischer, Thomas, Cornelsen Verlag Scriptor GmbH & Co.KG, Berlin, 2006

Change Management – (Über-)Leben in Organisationen, Berger / Chalupsky / Hartmann, Verlag Dr. Götz Schmidt, Gießen 2008

Change Management – Veränderungsprozesse erfolgreich gestalten, Stolzenberg / Heberle, Springer Verlag, Heidelberg 2009

Change-Tools I + II, Rohm, Armin, Managerseminare-Verlag, Bonn, 2006

Cultural Change – Strategien zur Änderung der Unternehmenskultur, Bate, Paul, Gerling Akademie Verlag, München, 1997

Das Fieldbook zur Fünften Disziplin; Senge, Peter M. / und andere, Klett-Cotta Verlag, Stuttgart,1996

Das Noah-Projekt – Bärenstarkes Projektmanagement; Kliem, Ralf L. / Ludin, Irweb S., verlag moderne industrie, Landsberg/Lech, 1994

Das Pinguin-Prinzip, Kotter, John / Rathgeber, Holger, Droemer Verlag, München, 2009

Der Change Navigator – Im Wandel wachsen, Jost, Hans Rudolf, Verlag A&O des Wissens, Hamburg/Zürich, 1998

Die Entscheidung liegt bei dir, Sprenger, Reinhard K. , Campus Verlag, Frankfurt, 2004

Die fünfte Disziplin, Senge, Peter M., Klett-Cotta Verlag, Stuttgart,1996

Die Kunst vernetzt zu denken, Vester, Frederic, Deutsche Verlagsanstalt Stuttgart, 2000

Die Logik des Irrtums, Beck, Hanno, Frankfurter Allgemeine Buch, Frankfurt am Main, 2008

Die Lösung lauert überall – Systemisches Denken verstehen & nutzen, O'Connor, Joseph / McDermott, Ian, VAK Verlags GmbH, Kirchzarten, 1998

Die Mäuse-Strategie, Johnson, Spencer, Ariston Verlag, München 2009

Einführung in die systemische Organisationstheorie, Simon, Fritz B., Carl Auer Verlag, Heidelberg, Basel, 2009

Entscheiden in komplexen Situationen, Forchhammer, L. / Lorenz, E. / Stoll, M., ComTeamMedia Gmund, 2013

Entscheiden in kritischen Situationen, Strohschneider, Stefan, Verlag für Polizeiwissenschaft, Frankfurt, 2003

Evolutionäre Wege in die Zukunft – Wie lassen sich komplexe Systeme managen?, Balk, Henning / Kreibich, Rolf Beltz Verlag, Weinheim, Basel, 1991

Facilitator´s Guide to Participatory Decision-Making, Kaner, Sam, New Society Publisher, Canada, 2002

Fit for Change, Leao, Anja / Hofmann, Mathias, Manager Seminare Verlag, Bonn, 2009

Führung und Veränderungsmanagement, Schein, Edgar H., Verlag Andreas Kohlhage, Bergisch Gladbach, 2009

Führungsstark im Wandel – Change Leadership für das mittlere Management, Alexander Groth, Campus Verlag, Frankfurt/New York, 2011

Ganz im Gegenteil, Varga von Kibéd, Matthias / Sparrer, Insa, Carl-Auer-Systeme Verlag, München, 2003

Gratwanderung Change Management – richtige und falsche Schritte im Large Systems Change, Biehal, Franz; Karner, Günther, Luchterhand, Neuwied, 2000

Gruppenprozesse in die Hand nehmen, Straub, Heide / Brachinger-Franke, Ludovica/ Haupt, Tanja, ComTeamMedia, Gmund, 2001

Ja oder Nein – Der Weg zur besten Entscheidung, Johnson, Spencer, rororo, Hamburg, 1995

Literaturverzeichnis

Jenseits der Ökonomie – die Verantwortung der Unternehmen, Geus, Arie de, Klett-Cotta Verlag, Stuttgart, 1998

Klärungshilfe – die Gestaltung schwieriger Gespräche, Thomann, Christoph, Selbstverlag d. Autors, Bern, 1986

Leading Change – Wie Sie Ihr Unternehmen in acht Schritten erfolgreich verändern, Kotter, John P., Vahlen Verlag, München, 2011

Lösungsorientierte Kurztherapie, Walter, John L. / Peller, Jane E., Verlag Modernes Lernen, Dortmund, 1994

Lust aufs Neue – Werkzeuge für das Innovationsmanagement, Simon, Walter, GABAL-Verlag, Offenbach, 1999

Making Sense of Change Management, Cameron, Esther / Green, Mike, Kogan Page, 2009

Managing People Across Cultures, Trompenaars, Fons / Hampden-Turner, Charles, Capstone Books, England, 2004

Projektmanagement – Checkbook, Sutorius, René, Haufe Verlag, München, 2009

Projektmanagement – Methoden, Techniken und Verhaltensweisen, Litke, Hans-Dieter, Carl Hanser Verlag, München, 1993,

Souverän Entscheiden – Die Studie, Wolfgang Plasser, BoD Books on Demand, Nordstedt

The Art of Change, Loebbert, Michael, Rosenberger Fachverlag, Leonberg, 2005

The Dance of Change, Senge, Peter M., Signum Verlag, Hamburg, 2000

Überleben im Projekt – 10 Projektfallen und wie man sie umschifft, Tumuscheit, Klaus D., Orell Füssli Verlag, Zürich, 1998

Veränderungsmanagement – Wege zum langfristigen Unternehmenserfolg, Osterhold, Gisela, Gabler Verlag, Wiesbaden, 2002

Wie wir entscheiden – Das erfolgreiche Zusammenspiel von Kopf und Bauch, Lehrer, Jonah, Piper Verlag, München, 2009

Über die Autoren

Lorenz S. Forchhammer,
ComTeam AG, Vorstand und Partner

Jahrgang 1957, sozialwissenschaftlich aus- und weitergebildet, mit Schwerpunkten in Systemischer Beratung und Projektmethoden.

Heute bin ich hauptsächlich als Projektberater, Coach und Führungskräftetrainer unterwegs, geleitet von der Erfahrung, dass das Erstbeste nur selten das Erstklassige ist. Zahlreiche Veränderungsprojekte haben mich in den letzten Jahren geprägt.

Ich bin Autor von Büchern und Buchbeiträgen zu Veränderungsprozessen, zum „Entscheiden in komplexen Situationen" und zur Entwicklung von Unternehmenskulturen. Als ComTeam Vorstand kümmere ich mich um die Entwicklung unserer Produkte, koordiniere die internationale Entwicklung und gestalte im Verbund mit den Partnern die Entwicklung der „Marke ComTeam".

Walter G. Straub
ComTeam AG, Gründer, Aufsichtsratsvorsitzender und Partner

Seit 40 Jahren begleite ich Organisationen und Führungskräfte bei der Gestaltung von Veränderungen (Strategie-, Kultur-Entwicklungs- und Fusions-Prozesse), seit ein paar Jahren nur noch das Top-Management beim Finden von Klarheit der eigenen Rolle und beim Bewältigen der jeweils anstehenden Herausforderungen. Darüber hinaus unterstütze ich Unternehmer und Manager bei Übergängen, damit Stafetten-Übergaben für alle Seiten auch wirksam gelingen.

Seit der Umwandlung in eine AG bin ich aus der operativen Geschäftsführung in den Aufsichtsratsvorsitz von ComTeam gewechselt.

1974 haben meine Frau und ich ComTeam gegründet.

Der Kulturprofil-Indikator®
Basis-Workshop

ComTeam hat ein Vorgehen entwickelt, mit dem Unternehmenskultur besprechbar und entwickelbar wird. Dieses Know-how befähigt interne wie externe BeraterInnen für die kulturelle Integration von Change zu sorgen. Führungskräfte können mit diesem Know-how die Kultur in ihrem Bereich klären und wirksam weiterentwickeln.

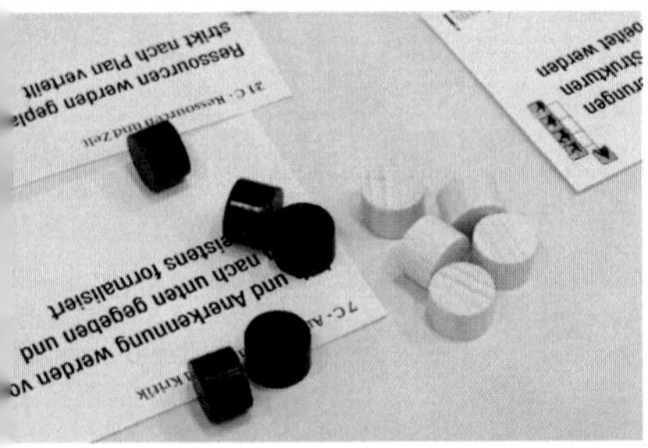

Wenn Sie es auch leid sind, Veränderungsprojekte versanden zu sehen, dann haben wir was für Sie.

In zehn Jahren Entwicklung und Anwendung haben wir ein Verfahren erarbeitet, das Unternehmenskulturen verstehbar und veränderbar macht.

Das Vorgehen ist pragmatisch, kommt ohne viel Theorie aus, ist leicht nachvollziehbar und eröffnet Führungskräften und BeraterInnen neue Steuerungsmöglichkeiten.

- Sie finden heraus, welche Veränderungen gute Chancen zur Umsetzung haben und bei welchen flankierende Maßnahmen notwendig sind
- Sie verstehen Zielkonflikte und die Dynamiken, die Veränderungsprozesse bremsen oder fördern
- Sie finden die richtigen Stellhebel, an denen mit oft kleinen Veränderungen beeindruckende Wirkungen erzeugt werden

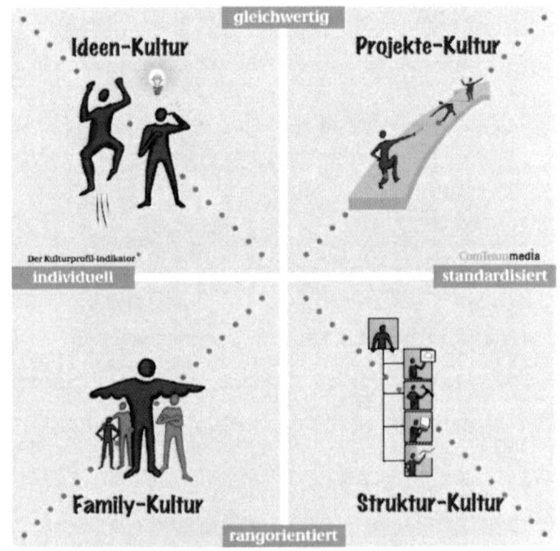

Verstehen Sie, warum und wie Kultur und Performance zusammenhängen und welche Kulturfelder beeinflussbar sind

Kultur ist immer die Geschichte erfolgreicher Anpassungs- und Lernprozesse, und nichts wurde jemals Kulturbestandteil, was nicht irgendwann erfolgreich und nützlich war. Doch die Zeiten ändern sich, und was gestern angesagt war, kann heute hinderlich sein.

Wer den Blickwinkel des Kulturprofil-Indikators einnimmt, findet heraus, in welchen Kulturfeldern der Schlüssel für eine erfolgreiche Zukunft liegt. Für Projekte, für Abteilungen und für ganze Unternehmen.

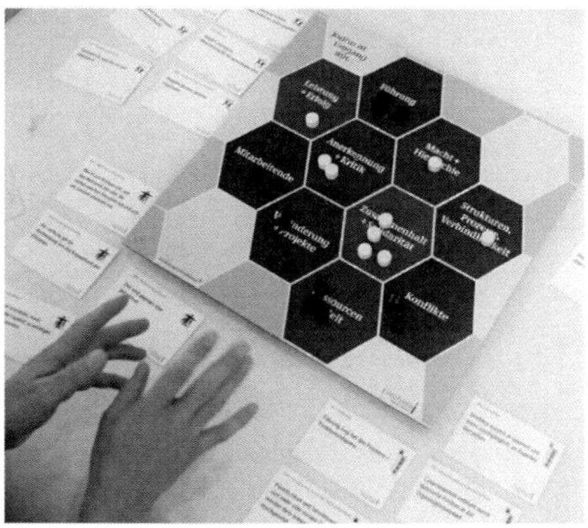

Lernen Sie an einem einzigen Workshop-Tag, Kultur besprechbar und entwickelbar zu machen.

Im Kulturprofil-Basis-Workshop erlernen Sie die Anwendungsgrundlagen der Kulturprofil-Diagnose. Dazu erhalten Sie ein Exemplar des Kulturprofil-Indikators® und eine Basislizenz, die Sie berechtigt, das Tool zur Unternehmenskultur-Analyse in Ihrem Unternehmen und als BeraterIn einzusetzen.

Inhalte

- Sie können verständlich erklären, was Kultur ist und wie kulturelle Paradigmen entstehen
- Sie können den Kulturprofil-Analyseprozess und die Bestimmung der Zielkultur anleiten und durchführen
- Sie sind in der Lage, Kulturfelder auf Regelebene besprechbar zu machen und daraus – mit Blick auf die Zielkultur – Aktivitäten und Maßnahmen ableiten

Weitere Informationen:
http://comteammedia.com/kpiws

Buchtipps

Forchhammer, Lorenz, Stoll

Entscheiden in komplexen Situationen

Entscheiden in komplexen Situationen ist zugleich Routenplaner, Methodenkatalog und fundiertes Handbuch für alle, die als Führungskräfte oder Berater komplexe Entscheidungssituationen meistern müssen.

Es zeigt auf, wie Schnellschüsse zwar die Sehnsucht nach einfachen Lösungen stillen – warum sie aber meist im Gebüsch landen. Gute Entscheidungen hingegen berücksichtigen die inhaltliche und die soziale Komplexität realistisch und resultieren aus einem klaren Prozess, der auch unter Stress funktioniert.

Dieses Buches erklärt anschaulich die Logik und Psycho-Logik, die zielführenden und tragfähigen Entscheidungen zugrunde liegt. Es liefert nachvollziehbare Anleitung, wie Sie komplexe Entscheidungsprozesse erfolgreich strukturieren und methodisch gekonnt durchführen.

NEUAUFLAGE Dezember 2012, ComTeamMedia
206 Seiten, Paperback

ComTeamMedia

Straub, Brachinger-Franke, Haupt

Gruppenprozesse in die Hand nehmen

Dieses Buch ist aus der Praxis für die Praxis. Es beschreibt Workshop-Abläufe, Methoden und Handwerkszeug für Prozessberater, Führungskräfte, Moderatoren und Change-Manager. Die komplett überarbeitete Neuauflage enthält viele neue und authentische Veranstaltungsdesigns aus der ComTeam Beratungs- und Moderationspraxis.
19 Abläufe für Workshop- und Meetingsituationen von 4 bis 30 Personen.

Auf separaten Karten finden Sie alle Methoden und Tipps zu deren Anwendung. Damit können Sie sich Ihre eigenen Abläufe zusammenstellen.

Buch und 25 Methodenkarten im Schuber.
3. Auflage, ComTeam, 2010

ComTeam AG

Information und Bestellung:
http://comteammedia.de